Über den Einfluß von Fluktuationen auf die chiral-nematischen Blauen Phasen

Von der Fakultät Physik der Universität Stuttgart
zur Erlangung der Würde eines
Doktors der Naturwissenschaften (Dr. rer. nat.)
genehmigte Abhandlung

vorgelegt von
JOCHEN ENGLERT
aus Karlsruhe

Hauptberichter: Prof. Dr. H.-R. Trebin
Mitberichter: Prof. Dr. A. Muramatsu

Tag der mündlichen Prüfung: 13. Mai 1998

Institut für Theoretische und Angewandte Physik
Universität Stuttgart
1998

Berichte aus der Physik

Jochen Englert

Über den Einfluß von Fluktuationen auf die chiral-nematischen Blauen Phasen

D 93 (Diss. Universität Stuttgart)

Shaker Verlag
Aachen 1998

Die Deutsche Bibliothek - CIP-Einheitsaufnahme

Englert, Jochen:
Über den Einfluss von Fluktuationen auf die chiral-nematischen Blauen Phasen /
Jochen Englert. - Als Ms. gedr. -
Aachen : Shaker, 1998
  (Berichte aus der Physik)
  Zugl.: Stuttgart, Univ., Diss., 1998
ISBN 3-8265-4111-1

ISBN 3-8265-4111-1
ISSN 0945-0963

Shaker Verlag GmbH • Postfach 1290 • 52013 Aachen
Telefon: 02407 / 95 96 - 0 • Telefax: 02407 / 95 96 - 9
Internet: www.shaker.de • eMail: info@shaker.de

Inhaltsverzeichnis

Einleitung

Die Untersuchung von „weicher kondensierter Materie" ist eine noch sehr junge Wissenschaft. Während die konventionelle kondensierte Materie die Menschheit schon seit den frühesten Anfängen beschäftigt und die Bearbeitung von metallischen Werkstoffen vor Tausenden von Jahren begann, erhielt die weiche kondensierte Materie, zu der neben den Flüssigkristallen vor allem die Polymere und Emulsionen gehören, erst mit dem Einzug der modernen Chemie Auftrieb. Hierbei finden derzeit die Flüssigkristalle gleich in mehreren Zweigen von Wissenschaft und Wirtschaft besonderes Interesse. Die *Industrie* ist an der Entwicklung von flachen Displays interessiert, die in gewisser Weise als Grundvoraussetzung für das anbrechende Informationszeitalter gesehen werden können. Die *Ingenieurwissenschaften* sollen hierzu schnelle Schaltungen bei gleichzeitig hohem Darstellungskontrast und großer Helligkeit liefern. Aufgabe der *Chemie* ist es, Flüssigkristalle mit vorgegebenen Eigenschaften wie Übergangstemperaturen und Schaltverhalten zu synthetisieren. Dabei will sie deren Abhängigkeit von der molekularen Struktur ergründen. Die *Physik* wiederum kann Voraussagen über die Kenndaten einer Flüssigkristallzelle unter Berücksichtigung verschiedenartigster Randbedingungen treffen, insbesondere durch die numerische Simulation. Abgesehen von dieser technischen Anwendung haben Physiker aber vor allem auch ein Interesse an der Aufklärung der mesoskopischen Struktur von Flüssigkristallen.

Die Vielfalt von flüssigkristallinen Strukturen ist nahezu unüberschaubar. Die wesentlichen Klassifizierungsmerkmale sind dabei der *Kontrollparameter*, der die Bildung einer Mesophase[1] steuert, sowie die

---

[1] von griechisch *mesos = mittel...*, da die flüssigkristallinen Phasen zwischen den

Form der Moleküle. Wird das Auftreten der flüssigkristallinen Phase
durch Temperaturänderung erreicht, so spricht man von *thermotropen*
Flüssigkristallen, im Gegensatz zu *lyotropen* Flüssigkristallen, bei denen
sich der flüssigkristalline Zustand bei einer gewissen Konzentration einer
mesogenen Substanz in einem Lösungsmittel einstellt. Die klassischen
Flüssigkristalle sind stäbchenförmig und bilden *kalamitische* Phasen.
Seit ungefähr zwanzig Jahren sind aber auch *diskotische* Flüssigkristalle bekannt, welche aus scheibchenförmigen Molekülen bestehen.

Die einfachste flüssigkristalline Struktur wird von der *nematischen*
Phase gebildet. Hier sind die Molekülschwerpunkte isotrop verteilt wie
in der isotrop flüssigen Phase, die Orientierung aber erfolgt entlang
einer ausgezeichneten Richtung, die durch den *Direktor* gekennzeichnet wird. Die *smektischen* Phasen hingegen bilden die flüssigkristalline
Ordnung innerhalb von periodisch gestapelten Schichten aus. Sowohl
in der nematischen als auch in den smektischen Phasen führt die Auf-
hebung der molekularen Spiegelsymmetrie zur Ausbildung von *chiralen*
Phasen. Unter diesen finden sich die für die Anwendung so wichtigen
ferroelektrischen Phasen, aber auch exotische Phasen wie die Verdrillte-
Korngrenzen-Phasen (twisted grain boundary, TGB) und die Blauen
Phasen. Mit letzteren beschäftigt sich die vorliegende Arbeit.

Die Blauen Phasen erregten zu Beginn der achtziger Jahre großes
Interesse, da einerseits die Landautheorie ein kubisch raumzentriertes
Gitter von Punktdefekten im Ordnungsparameterfeld voraussagte [1],
das eine Analogie mit dem Problem des Schmelzens in drei Dimensionen
nahelegte [2]; die Einführung einer Bindungsorientierungsordnung griff
diese Analogie auf und wurde in meiner Diplomarbeit eingehend behandelt [3, 4]. Andererseits konnte man aus den Arbeiten von BRAZOVSKIĬ
schließen, daß der Phasenübergang isotrop–Blaue Phase ein Beispiel einer neuen Klasse von Phasenübergängen ist. Im Unterschied zu anderen
Systemen, in denen die Korrelationsfunktion ihr Maximum bei $k = 0$
annimmt, wie dies zum Beispiel in der nematischen Phase der Fall ist,
sind hier die maximalen Korrelationen des Ordnungsparameters auf einer Sphäre im reziproken Raum entartet[2] [6, 7]. Der anfängliche große

---

kristallinen und der flüssigen Phase liegen.

   [2]„First, the recent work of Brazovskii *et al.* suggests that the isotropic–blue-
phase transition may be an example of a new class of phase transitions in which
the fluctuations are degenerate on a surface or line in reciprocal space. The orientational degeneracy of the cholesteric twist fluctuations is the determining feature

Erfolg der Landautheorie drängte die Betrachtungen der Fluktuationen weit in den Hintergrund. Es zeigte sich aber, daß einige grundlegende Eigenschaften der Blauen Phasen, insbesondere das Auftreten einer zweiten isotropen Phase, des Blauen Nebels (blue fog) oder der Blauen Phase III, nicht zufriedenstellend im Rahmen einer Landautheorie erklärt werden können. Diese Arbeit greift den ursprünglichen Ansatz von BRAZOVSKIĬ nun wieder auf und untersucht den Einfluß von Gaußschen Fluktuationen auf das Phasendiagramm der Blauen Phasen.

In einem einführenden ersten Kapitel geben wir einen Überblick über die Forschungsergebnisse zu den Blauen Phasen bis zum Zeitpunkt des Beginns der vorliegenden Arbeit, soweit sie für das weitere Verständnis notwendig sind. Dabei werden wir die experimentellen Phasendiagramme mit den bisher berechneten Phasendiagrammen vergleichen und die Zielsetzung für eine Verbesserung der theoretischen Diagramme festlegen.

Wir werden dann im zweiten Kapitel das Quadrupoltensor–Ordnungsparameterfeld einführen und darauf basierend die freie Enthalpie vorstellen, mit der die Ergebnisse im Rahmen der Landautheorie erhalten worden sind.

Bei der Behandlung von Fluktuationen starten wir von einer mesoskopischen Hamiltonfunktion. Diese hat formal die gleiche Gestalt wie die freie Enthalpie aus dem zweiten Kapitel. Wir werden im dritten Kapitel lernen, wie man aus der Hamiltonfunktion die freie Enthalpie für ein fluktuierendes System gewinnt. Ein wesentlicher Punkt dabei ist die Berechnung von Korrelationsfunktionen.

Der feldtheoretische Formalismus wird uns im vierten Kapitel zur Schleifenentwicklung (loop expansion) führen. Sie wird uns zeigen, wie Fluktuationen prinzipiell auf Phasenübergänge wirken. Für die Berechnung von Phasendiagrammen der Blauen Phasen ist die Schleifenentwicklung jedoch nicht gut geeignet. Einen allgemeinen Ausweg findet man in den Arbeiten von BRAZOVSKIĬ und seinen Nachfolgern [6, 8]. Die zunächst sehr unübersichtliche und etwas unklare Methode kann vereinfacht werden. Im weiteren Verlauf aber werden wir erkennen, daß dieser Zugang mit Mängeln behaftet ist, die es unmöglich machen, ihn auf die Blauen Phasen anzuwenden.

---

here. Second, a recent Landau theory of the blue phase by Hornreich and Shtrikman predicts a bcc lattice of point defects in the order-parameter field, which suggests an analogy with the problem of melting in three dimensions." [5]

Eine Lösung bietet sich uns in der Kumulantenentwicklung. In anderen Veröffentlichungen wurde die BRAZOVSKIĭsche Theorie mit der Kumulantentheorie in Verbindung gebracht [9]. Wir werden im fünften Kapitel sehen, daß diese Theorie mit der BRAZOVSKIĭschen und damit auch mit der Schleifenentwicklung nicht übereinstimmt, auch nicht in erster Ordnung, wie dies in vorangegangenen Arbeiten implizit verwendet wurde [9]. Die Anwendung auf das Problem der Blauen Phasen wird in einfacher Weise verbesserte Phasendiagramme liefern und einen Hinweis auf ein mögliches Modell für die Blaue Phase III geben.

Eine Erweiterung auf höhere Ordnungen ist mit erheblichen Schwierigkeiten verbunden. Wir untersuchen deshalb im sechsten Kapitel ein einfacheres, aber ähnliches System, um zu ergründen, inwieweit ein solcher Aufwand zu neuen, weiter verbesserten Ergebnissen führen könnte. Dabei liegt der Schwerpunkt auf der Untersuchung des Phasenverhaltens der isotropen Phase. Es wird gezeigt werden, daß eine Kumulantenentwicklung bis zur dritten Ordnung einen isostrukturellen Phasenübergang innerhalb der isotropen Phase ermöglicht.

Kapitel 1

Struktur und Eigenschaften der Blauen Phasen

Zu Beginn soll ein knapper Überblick über Struktur und Eigenschaften der Blauen Phasen gegeben werden. Die elementaren Begriffe aus der Physik der Flüssigkristalle werden hier nur sehr knapp dargestellt. Für einen Überblick sei auf die Lehrbücher, insbesondere von DE GENNES [10] und CHANDRASEKHAR [11] verwiesen. Im Verlauf dieses Kapitels werden verschiedene Ansatzpunkte zur Beschreibung sowohl der kubischen Blauen Phasen I und II als auch der isotropen Blauen Phase III vorgestellt und ihre Bedeutung erläutert. Wichtige Hinweise auf die Struktur erhalten wir aus den optischen Eigenschaften. Schließlich vergleichen wir gemessene Phasendiagramme mit aus der Landautheorie berechneten. Die Mängel der theoretischen Beschreibung werden für uns die Zielsetzung darstellen, an der sich unsere Ergebnisse messen müssen.

1.1 Flüssigkristalle

Flüssigkristalle bestehen aus organischen Molekülen mit anisotroper Gestalt. Sie wurden 1888 von dem österreichischen Botaniker REINITZER bei der Untersuchung von Cholesterinderivaten entdeckt [12]. Meist setzen sich die Moleküle aus einem recht starren aromatischen Kern und

mehr oder weniger flexiblen aliphatischen Ketten zusammen (vergleiche Abbildung 1.1). Sie wirken dann als Nematogene und bilden eine
nematische oder eine smektische Phase aus.

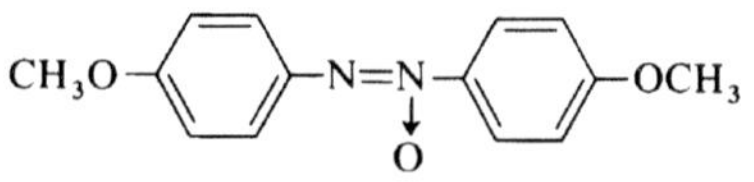

Abbildung 1.1: *p*-Azoxyanisol bildet eine nematische Phase [11].

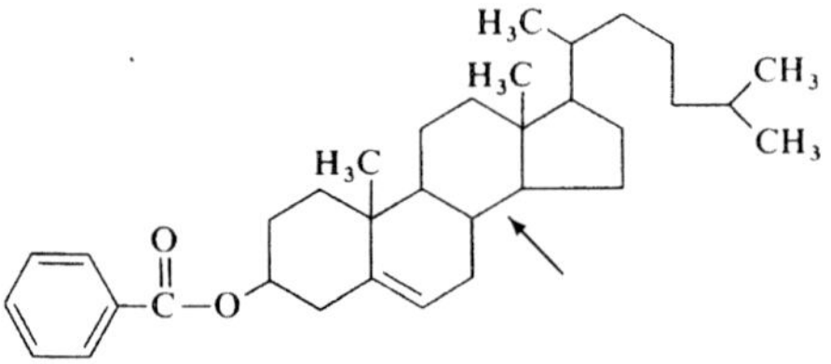

Abbildung 1.2: Ein chirales Molekül: Cholesterylbenzoat. Der Pfeil
kennzeichnet das chirale Zentrum: Die Rotation von Molekülteilen ist
durch die Kohlenstoffringe behindert [11].

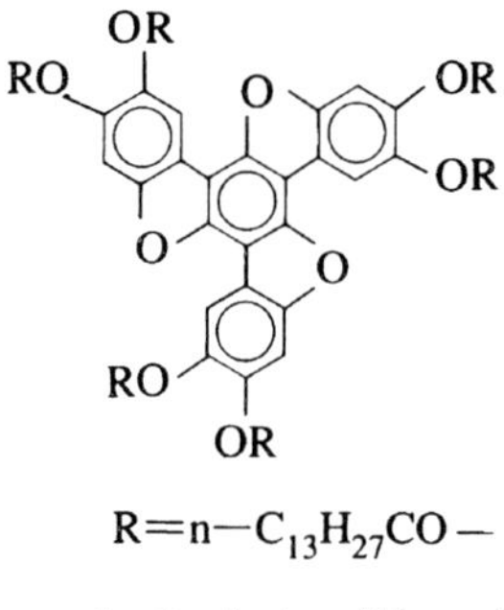

$$R = n-C_{13}H_{27}CO-$$

Abbildung 1.3: Ein hexasubstituierter Phenylester bildet diskotische
Phasen [10].

Ist wie in Abbildung 1.2 die Rotation von Molekülteilen behindert,
besitzt das Molekül ein chirales Zentrum. Solche Moleküle bilden chiral-
nematische Phasen wie die cholesterische oder auch die Blauen Phasen

aus. Daneben existieren scheibchenförmige Flüssigkristallmoleküle (vergleiche Abbildung 1.3), die diskotische Phasen ausbilden, welche hier nicht näher diskutiert werden sollen. Wir werden uns im folgenden zusätzlich auf thermotrope Flüssigkristalle beschränken.

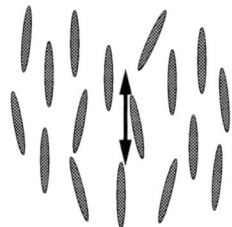

Abbildung 1.4: Der Direktor **n** beschreibt die Ordnung in einem Flüssigkristall.

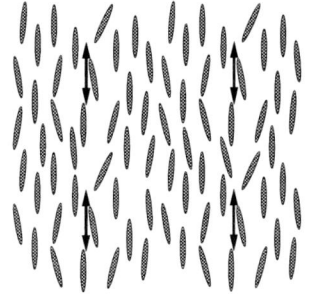

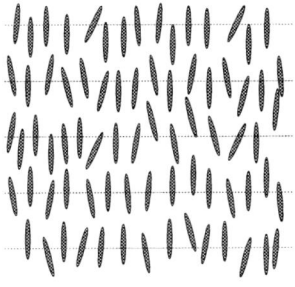

(a) Die nematische Phase.   (b) Die smektische Phase.

Abbildung 1.5: Schematische Zeichnungen der nicht-chiralen Phasen.

Charakteristisch für thermotrope Flüssigkristalle ist das Auftreten einer trüben fluiden Phase mit stark anisotropen Eigenschaften oberhalb des Schmelzpunktes, die am Klärpunkt in die isotrop-flüssige Phase übergeht. Ursache für die starke Anisotropie ist eine Tendenz der langgestreckten Flüssigkristallmoleküle, sich parallel zu einer Vorzugsrichtung **n** auszurichten (vergleiche Abbildung 1.4). In der nematischen Phase ist die Vorzugsrichtung über große Entfernungen konstant (vergleiche Abbildung 1.5(a)). Man beobachtet, daß selbst polare Moleküle keine Phase mit spontaner Polarisierung ausbilden. Daher sind die Richtungen **n** und −**n** des Direktors ununterscheidbar.

Lange aliphatische Ketten begünstigen das Auftreten von smektischen Phasen, in denen sich eine eindimensional periodische Positionsordnung erhält (vergleiche Abbildung 1.5(b)). Während bei vielen smektischen Phasen innerhalb der Schichten flüssigkristalline Ordnung herrscht, existieren daneben auch kristalline smektische Phasen[1].

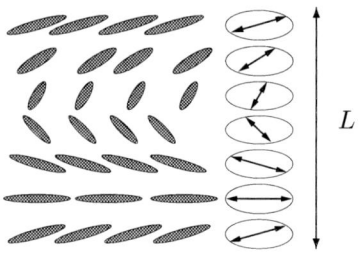

Abbildung 1.6: Die cholesterische Phase.

Die Anwesenheit chiraler Zentren indessen führt zur Bildung chiraler Phasen, deren wichtigster Vertreter (wenigstens im Rahmen der vorliegenden Arbeit) die cholesterische Phase ist (siehe Abbildung 1.6). All diesen Phasen gemein ist eine helikale Verdrillung. Das bedeutet, daß die Struktur der cholesterischen Phase lokal der nematischen Phase gleich ist. Der Direktor **n** ist nun aber nicht mehr konstant im Raum. Vielmehr durchläuft er eine Helix, die durch

$$n_x = \cos(q_0 z + \phi)$$
$$n_y = \sin(q_0 z + \phi) \qquad (1.1)$$
$$n_z = 0$$

beschrieben werden kann. Dabei ist ϕ eine beliebige Phase. Die räum-

---

[1] Diese sind natürlich keine Flüssigkristalle, sondern echte Kristalle.

liche Periode L der Helix beträgt[2]

$$L = \frac{\pi}{|q_0|}. \tag{1.2}$$

Sie liegt im allgemeinen in der Größenordnung von 300 Nanometern bis hin in den Bereich des Infraroten. Damit erlaubt die cholesterische Phase die Braggstreuung von Licht.

1.2   Struktur der Blauen Phasen I und II

Nach dieser kurzen Einführung in die Begriffswelt der Flüssigkristalle wenden wir uns jetzt den Blauen Phasen zu. Schon REINITZER beschrieb im Jahre 1888 in seiner Arbeit über das Cholesterinnonanoat, die als die Geburtsstunde der Flüssigkristalle schlechthin gilt, „blaue Erscheinungen" [12], was in der Literatur als Indiz dafür gewertet wird, daß jener auch die Blauen Phasen schon beobachtet hatte [13]. Noch ARMITAGE und PRICE, die 1975 eine Übergangswärme und Dichteänderung am Übergang der cholesterischen zur Blauen Phase[3] nachwiesen, hielten es für unwahrscheinlich, daß die Blaue Phase eine von der cholesterischen unterschiedliche Struktur auf molekularer Skala habe [14]. Vielmehr folgten sie der Vorstellung FRIEDELs, die Blaue Phase sei nur eine weitere Textur der cholesterischen Phase [15]. Die beobachtete Übergangswärme und Dichteänderung sei durch eine elastische Energie und Unordnung verursacht, die ihrerseits durch eine Änderung der Kristallitgröße um mindestens eine Größenordnung erklärt werden könne [14].

1979 veröffentlichte die Gruppe um STEGEMEYER eine Serie von vier „Notizen", in denen das Auftreten eines Polymorphismus innerhalb der Blauen Phase, das heißt die Existenz mindestens einer weiteren Blauen Phase, geschildert wurde. Dies äußerte sich neben einer winzigen Schulter in der Kalorimetrie [16] (vergleiche Abbildung 1.7) vor allem in den Lichtstreuexperimenten [17, 18, 19]. Als Strukturmodell schlugen sie eine deformierte cholesterische Helix vor, die die optische Isotropie der Blauen Phasen erklären sollte [19].

---

[2]Die Periode L ist aufgrund der $\{\mathbf{n}, -\mathbf{n}\}$–Symmetrie nur halb so groß wie die Ganghöhe, also die Periode in Gl. (1.1).

[3]Von einer zweiten oder gar dritten Blauen Phase war zu diesem Zeitpunkt noch nichts bekannt.

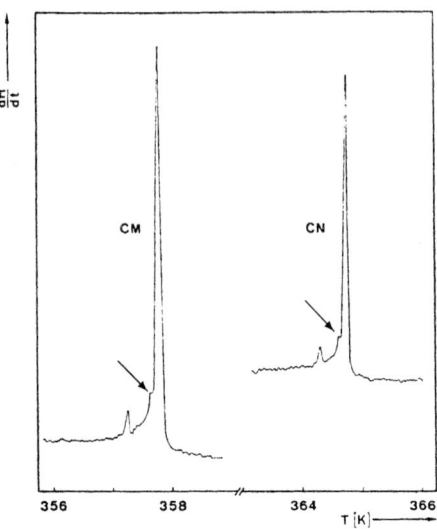

Abbildung 1.7: Kalorimetrische Daten für Cholesterylmyristat und Cholesterylnonanoat. Die Pfeile kennzeichnen den Übergang zur Blauen Phase II (nach [16]).

Schon 1969 jedoch hatte SAUPE ausgehend von der optischen Isotropie über eine *kubische Struktur* für die Blauen Phasen spekuliert [20]. HORNREICH und SHTRIKMAN konnten zeigen, daß in der Tat eine kubisch raumzentrierte Struktur konsistent mit einer Landau-de-Gennes-Theorie für den Ausrichtungstensor unter der Annahme bestimmter Parameterverhältnisse ist [1]. Eine genaue Analyse unter Berücksichtigung von bis zu vier Fouriermoden wurde 1983 und 1984 von GREBEL, HORNREICH und SHTRIKMAN durchgeführt [21, 22]. Dabei erhielten sie für die Blaue Phase I eine kubisch raumzentrierte Struktur der Raumgruppe $O^8(I4_132)$ und für die Blaue Phase II eine einfach kubische Struktur der Raumgruppe $O^2(P4_232)$. Einen groben Überblick über die in der vorliegenden Arbeit vorkommenden Raumgruppen findet man in Box 1. Das berechnete Phasendiagramm werden wir in Abschnitt 1.5 näher untersuchen. Den Details der Landautheorie der Blauen Phasen ist das zweite Kapitel gewidmet.

Box 1: Raumgruppen

In dieser Arbeit werden ausschließlich die kubischen Raumgruppen O^2, O^5 und O^8 berücksichtigt. Das Symbol O steht dabei für die oktaedrische Punktsymmetrie. Die Indizes numerieren die verschiedenen kubischen Raumgruppen durch. Neben der hier meistens verwendeten Schönflies Notation existieren im wesentlichen zwei weitere Bezeichnungen für Raumgruppen, die Hermann-Mauguin-Notation und die fortlaufende Numerierung der Raumgruppen in den Internationalen Tafeln [23]. Letztere führt O^2 als Nr. 208, O^5 als Nr. 211 und O^8 als Nr. 214. In der Hermann-Mauguin-Notation wird die Natur der unterschiedlichen Raumgruppen etwas deutlicher. O^2 lautet in Hermann-Mauguin-Notation $P4_232$. P steht für das primitive Gitter, die Ziffern 4, 3 und 2 für die vier-, drei- und zweizähligen Achsen der kubischen Punktgruppe. Raumgruppenelemente — in kubischen Raumgruppen gibt es davon 24 — bestehen prinzipiell aus einer Drehung und einer Translation. Einzelheiten hierzu werden in Abschnitt 2.4 erläutert. Die Translationen werden vor allem wichtig, wenn wie im Falle von O^2 Schraubenachsen auftreten: 4_2 steht für eine vierzählige Schraubenachse mit einem Translationsvektor, der der halben Gitterkonstante in dieser Richtung entspricht. Eine Untergruppe von O^2 ist O^8, in Hermann-Mauguin-Notation $I4_132$. Sie ist kubisch innenzentriert mit einer vierzähligen Schraubenachse, allerdings hat der Translationsvektor jetzt die Länge eines Viertels der Gitterkonstante. Nun ist das kubisch innenzentrierte Gitter kein Untergitter des primitiv kubischen. Daher muß die Punktdichte des primitiv kubischen Gitters zunächst um den Faktor acht erhöht werden, das heißt in jeder Dimension gibt es jetzt doppelt so viele Punkte. Dieses Gitter enthält dann als Untergitter ein kubisch innenzentriertes mit der ursprünglichen Gitterkonstante. Das innenzentrierte Gitter enthält mehr Punkte als das primitive. Im reziproken Raum besitzt das innenzentrierte Gitter daher weniger Braggreflexe: Alle Reflexe (hkl) mit ungerader Indexsumme $h + k + l$ verschwinden.

Box 1: Raumgruppen (Fortsetzung)

Schränkt man die Reflexe weiter ein, so daß nur gerade h, k, l berücksichtigt werden, erhält man die Reflexe von O^2. Alle Wellenvektoren aber haben die doppelte Länge. Schließlich tritt in den theoretischen Phasendiagrammen eine Struktur der Symmetrie O^5 beziehungsweise $I432$ ohne Schraubenachse auf.

Einen anderen Zugang schlugen MEIBOOM und Mitarbeiter 1981 vor [24]. Sie modellierten die Blaue Phase als kubisch raumzentriertes Disklinationsgitter mit isotropem Disklinationskern und cholesterisch geordnetem Material im übrigen Bereich. Zur Berechnung derartiger Strukturen benutzten sie eine erweiterte Franksche Energie im Direktorbild [25]. Die Ausbildung einer helikalen Ordnung senkrecht zur cholesterischen Verdrillungsachse senkt dann die Energie der Phase ab. Da sich ein solcher „double twist"[4] aufgrund der Gitterperiodizität nicht über ein großes Volumen ausdehnen könnte, nimmt man als Modell an, daß „Double-twist-Zylinder" entstehen (vergleiche Abbildung 1.8(a)). Ein geeignetes Arrangement von Double-twist-Zylindern, wie in Abbildung 1.8(b) gezeigt, führt tatsächlich zur Bildung des geforderten kubischen Disklinationsgitters. Wie in der Landau-de-Gennes-Theorie erhält man auch hier die Raumgruppenstrukturen O^8 und O^2 für die Blauen Phasen I bzw. II [26].

Diese beiden zunächst unterschiedlichen Ansätze können zueinander in Bezug gebracht werden. Der Volumenanteil der freien Enthalpie wird durch eine uniaxiale Form des Ausrichtungstensors, der elastische Anteil jedoch durch eine biaxiale Form minimiert. Während nun HORNREICH und Mitarbeiter eine Überlagerung biaxialer Ordnungsparametermoden benutzten[5] und damit den Grenzfall hoher Chiralitäten[6] betrachteten, gingen MEIBOOM und Mitarbeiter vom uniaxialen Direktor und daher von kleinen elastischen Kräften aus. Wie SETHNA und Mitarbeiter zeigten, l"a"st sich der Wettstreit zwischen elastischer und Volumen-

---

[4]von *to twist = sich drehen, winden*

[5]Diese Überlagerung führt aber auch hier wieder zu einem großen uniaxialen Anteil [27].

[6]Die Chiralität ist direkt proportional zur inversen Ganghöhe. Die Proportionalitätskonstante ist die Korrelationslänge der cholesterischen Ordnung.

enthalpie, zwischen biaxialem und uniaxialem Ordnungsparameter in einem gekrümmten Raum in vier Dimensionen exakt lösen [28, 29]. Der Ordnungsparameter in diesem Raum erweist sich als streng uniaxial. Die Biaxialität im dreidimensionalen Raum ist daher nur nötig, um die Spannungen durch die topologischen Defekte auszugleichen.

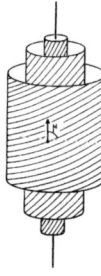

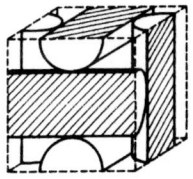

(a) Ein einzelner Double-twist-Zylinder.

(b) Arrangement von Double-twist-Zylindern für die Blaue Phase II.

Abbildung 1.8: Der Double-twist-Zylinder [30].

Die von HORNREICH und MEIBOOM angegebenen Raumgruppen-strukturen der Blauen Phasen I und II konnten von STEGEMEYER und anderen experimentell durch Beobachtung von Ein(-flüssig-)kristallen bestätigt werden [31, 32, 33].

1.3 Optische Eigenschaften

Im vorigen Abschnitt haben wir uns mit der Struktur der Blauen Phasen befaßt. Wir werden nun in qualitativer Weise ihre optischen Eigenschaften betrachten. Dazu gehören neben der auffallenden Färbung der Blauen Phasen, denen sie ihren Namen verdanken [34] und dem bemerkenswerten Fehlen einer linearen Doppelbrechung (vergleiche Abbildung 1.9) die Eigenschaften von Intensität und Polarisation in Reflexion und Transmission.

Die kubische Struktur der Blauen Phasen spiegelt sich direkt in der optischen Isotropie wider. Dieser Zusammenhang wurde, wie bereits erwähnt, schon von SAUPE entdeckt [20]. Für die Doppelbrechung ist nur die Punktgruppe des Flüssigkristalls entscheidend. Jeder kubisch invariante Tensor zweiter Ordnung ist aber proportional zum Einheitstensor.

Da die Ganghöhe in helikalen Systemen bei einigen tausend Ångström liegt, ist es möglich, sie mit optischer Braggstreuung, das heißt unter Verwendung sichtbaren Lichts zu untersuchen (vergleiche Abbildung 1.10). Dabei ergibt sich, daß die Gitterkonstante der kubischen Ordnung in der Größenordnung der Ganghöhe liegt. Da die Blauen Phasen immer in zufällig orientierten, plättchenartigen Domänen auftreten, führt das unter unterschiedlichen Winkeln gestreute Licht zu der beobachteten schillernden blauen, roten oder grünen Färbung. Eine detaillierte Erklärung der Erscheinungsweise der Blauen Phasen wurde von MARCUS geliefert [35].

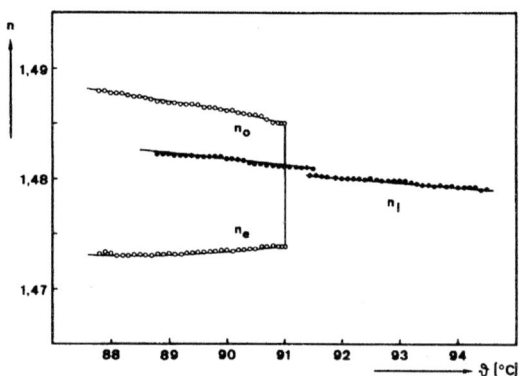

Abbildung 1.9: Brechungsindizes von Cholesterylnonanoat [13]. Die leeren Kreise gehören zum ordentlichen und außerordentlichen Strahl der cholesterischen Phase, wogegen die gefüllten Kreise das Verhalten der Blauen Phasen wiedergeben. Dort existiert keine Doppelbrechung, die Blauen Phasen sind optisch isotrop.

In den folgenden Unterabschnitten werden wir zunächst im Rahmen einer kinematischen Theorie die selektive Reflexion und den zirkularen und linearen Dichroismus kennenlernen. Danach werden wir uns den

Phänomenen der optischen Rotationsdispersion und der Vorübergangseffekte zuwenden. Diese lassen sich nur im Rahmen einer dynamischen
Theorie, das heißt durch Lösung der Maxwellgleichungen erklären. Dabei beschränken wir uns auf eine summarische Feststellung der experimentellen Befunde und ihrer Deutung.

1.3.1 Selektive Reflexion

In der kinematischen Näherung sind die Intensität $I_f(\mathbf{k})$ der Reflexion
und der Reflexionskoeffizient R proportional zum Quadrat der entsprechenden Fouriermode $\boldsymbol{\epsilon}(\mathbf{k})$ des dielektrischen Tensors [36]:

$$R(\mathbf{e}_i, \mathbf{e}_f) = \frac{I_f(\mathbf{k})}{I_i} = \left| \mathbf{e}_f^* \boldsymbol{\epsilon}(\mathbf{k}) \mathbf{e}_i \right|^2 R(\mathbf{k}). \tag{1.3}$$

Die Vektoren $\mathbf{e}_i$ und $\mathbf{e}_f$ bezeichnen die Polarisationen des einfallenden
bzw. gestreuten Strahls. $R(\mathbf{k})$ hängt von Dimension und Form der
Probe ab und bestimmt die Winkel- und Frequenzverbreiterung der
Reflexion. Am Maximum, das heißt, wenn die Bragg-Bedingung erfüllt
ist, ist $R(\mathbf{k})$ proportional zum Quadrat der Probendicke[7]. Die Winkel-
und Frequenzverbreiterung ist umgekehrt proportional zur Dicke.

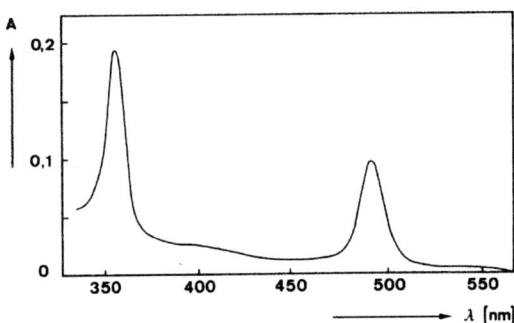

Abbildung 1.10: Selektive Reflexion von Cholesterylnonanoat [13].

Der weitaus wichtigere Anteil in Gleichung (1.3) ist die komplizierte Polarisationsabhängigkeit des Reflexionskoeffizienten, die durch den

---

[7]Als Probenform wird dabei eine planparallele Platte angenommen.

Polarisationsstrukturfaktor $|\mathbf{e}_f^* \boldsymbol{\epsilon}(\mathbf{k})\mathbf{e}_i|^2$ gegeben ist. Mittelt man diesen Strukturfaktor über alle Polarisationen $\mathbf{e}_f$, findet man im allgemeinen elliptische Eigenpolarisationen der Reflexion. Sie haben ihren Ursprung in der helikoidalen Struktur der Blauen Phasen und werden auch chirale Reflexionen genannt. Dies bedeutet, daß sich die Reflexionskoeffizienten für rechts- und linkszirkular polarisiertes Licht unterscheiden. Wenn nur die rein biaxiale Mode vorhanden ist[8], wird nur Licht einer Eigenpolarisation gestreut. Im Fall von Rückstreuung findet daher nur Streuung von rechts- bzw. linkszirkular polarisiertem Licht statt. Aus den experimentellen Beobachtungen wie auch aus den Ergebnissen der Landautheorie folgert man, daß die Amplituden der $m = \pm 2$-Moden sehr viel größer als die der anderen Moden sind[9].

1.3.2   Zirkularer und linearer Dichroismus

Außer in Reflexion können die Blauen Phasen natürlich auch in Transmission beobachtet werden. Wiederum treten Effekte auf, die durch die chirale Struktur verursacht werden. Dabei ist besonders die Messung des zirkularen Dichroismus von Interesse, der durch Differenz der Transmissionskoeffizienten von links- bzw. rechtszirkular polarisiertem Licht (T_- bzw. T_+) definiert ist:

$$D_c = \frac{T_+ - T_-}{T_+ + T_-}.\tag{1.4}$$

Ebenso beobachtet man einen linearen Dichroismus, der mit der Transmission von linear polarisiertem Licht zweier zueinander orthogonaler Polarisationsrichtungen in Zusammenhang steht.

1.3.3   Optische Rotationsdispersion

Die optische Rotationsdispersion kann nur mit Hilfe einer dynamischen Theorie, das heißt unter Zuhilfenahme der Maxwellschen Gleichungen erklärt werden. Es handelt sich dabei um die Drehung der Polarisationsebene von Licht beim Durchgang durch die Blaue Phase. Dabei

---

[8]Dies sind die $m = \pm 2$-Moden, die im nächsten Kapitel eingeführt werden.

[9]Das Vorzeichen der Chiralität definiert die Auswahl der $m = 2$- beziehungsweise $m = -2$-Mode.

ist insbesondere der Bereich der anomalen Dispersion mit einem Null-durchgang der Rotation von Interesse (vergleiche Abbildung 1.11).

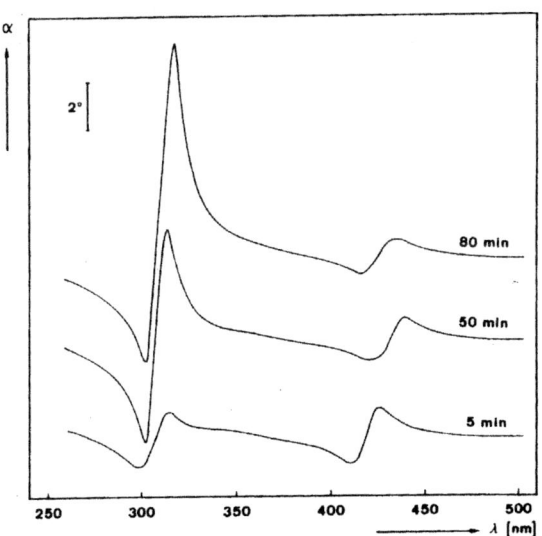

Abbildung 1.11: Optische Rotationsdispersion [13]. Die Nullinien der einzelnen Kurven erhält man durch die asymptotische Kurvenform für große Lichtwellenlängen λ.

1.3.4 Vorübergangseffekte

Substanzen, die Blaue Phasen aufweisen, zeigen auch in der isotropen Phase nahe dem Phasenübergang optische Besonderheiten, sogenannte Vorübergangseffekte [37, 38, 39]. Der thermische Mittelwert des Ordnungsparameters verschwindet dort. Ordnungsparameterfluktuationen und damit Fluktuationen der elektrischen Suszeptibilität führen jedoch auch hier zur Streuung von Licht und einer Änderung des Brechungs-index. Die chirale Asymmetrie spiegelt sich in einer Asymmetrie der Fluktuationen wider, die ebenso wie in den Blauen Phasen eine unterschiedliche Lichtstreuung für rechts- und linkszirkular polarisiertes Licht bewirkt. Dies hat wiederum eine Drehung der Polarisationsebene des Lichts zur Folge, und daher tritt zirkularer Dichroismus auf.

Es ist wichtig festzuhalten, daß der Hauptbeitrag der Fluktuationen für große Chiralitäten, also kleine Ganghöhe, von den $m = \pm 2$-Moden herrührt. Wir werden dies verstehen können, wenn wir die Landautheorie der Blauen Phasen behandeln. Für kleine Chiralitäten sowie bei der Berechnung der optischen Rotationsdispersion spielen dagegen die Fluktuationen der $m = \pm 1$-Moden eine große Rolle [36]. Wir sind in dieser Arbeit vor allem am Verhalten für große Chiralitäten interessiert. Wir beschränken uns daher weitgehend auf die biaxialen $m = 2$-Moden.

1.4 Struktur der Blauen Phase III

Die Blaue Phase III wurde 1981 von MARCUS entdeckt [35]. Er nannte sie *blue fog*, also blauer Nebel, da sie keine charakteristischen Merkmale aufweist. Sowohl in Transmission als auch in Reflektion beobachtet man keine Reflexe. Damit ist eine weitreichende Translationssymmetrie ausgeschlossen. Die Blaue Phase III zeigt hingegen optische Rotationsdispersion, so daß lokal chirale Ordnung vorliegen muß. Genauere optische Messungen von DEMIKHOV und Mitarbeitern ergaben einen schwachen, breiten Reflex, der einen ersten starken Hinweis auf eine zweite isotrope Flüssigkeit mit veränderter kurzreichender Ordnung darstellte [40].

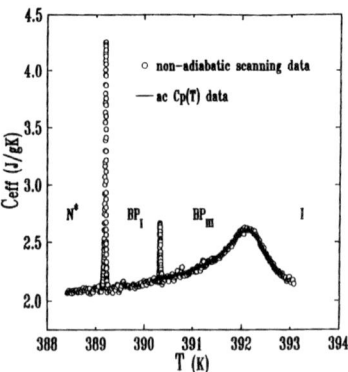

Abbildung 1.12: Spezifische Wärme in S,S-MBBPC. Man erkennt deutlich das Fehlen eines ausgeprägten, scharfen Maximums der latenten Wärme zwischen der isotropen Phase und der Blauen Phase III [41].

Ein ikosaedrisches Modell für die Blaue Phase III wurde vorgeschlagen [42, 43]; es konnte aber in Rechnungen basierend auf der Landau-Theorie nicht gegenüber den kubischen Phasen stabilisiert werden [44, 45]. Das „Spaghetti-Modell" präsentierte den Blauen Nebel als Gewimmel von Double-twist-Zylindern [46, 47]. Die Stabilität einer derartigen Phase wurde jedoch nicht bewiesen.

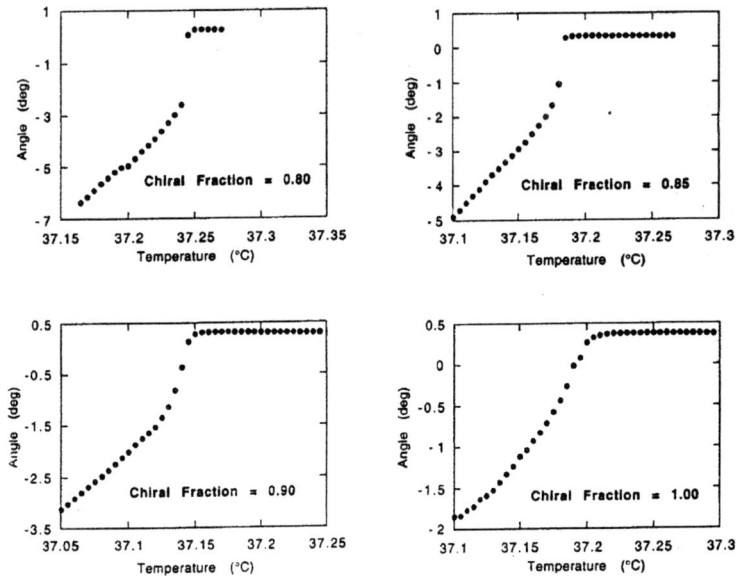

Abbildung 1.13: Optische Aktivität von CE4. Die Unstetigkeit am Phasenübergang nimmt mit zunehmender Chiralität ab. In CE4 verbleibt eine leichte Diskontinuität (hier nicht zu erkennen). Die verwandte Substanz CE2 weist einen kritischen Punkt auf [48].

Analog zur hexatischen Phase in zwei Dimensionen [2] schlug KEYES das Modell einer geschmolzenen Blauen Phase vor [49]. Dieses wurde im Bilde der Bindungsorientierungsordnung ausführlich diskutiert [50, 3, 4]. Die Bindungsorientierungsordnung berücksichtigte in effektiver Weise Ordnungsparameterfluktuationen, und es wurde gezeigt, daß eine solche

Phase stabil ist.

Messungen der spezifischen Wärme [41] (vergleiche Abbildung 1.12), des optischen Drehvermögens [48] und der Lichtstreuung [48, 51] (vergleiche Abbildungen 1.13 und 1.14) wiesen 1995 die Existenz eines kritischen Punktes vom Ising-Typ [52] am Phasenübergang der isotropen Phase in den Blauen Nebel nach, was zum zwingenden Schluß führte, daß die Blaue Phase III eine zweite isotrope Phase darstellt. Die Bindungsorientierungsordnung aber hatte eine Phase mit kubischer Punktgruppensymmetrie vorausgesagt, die allenfalls einen trikritischen Punkt am Übergang zur isotropen Phase zeigen könnte. LONGA und LUBENSKY schlugen isotrope Modelle mit einem pseudoskalaren Ordnungsparameter $\psi = \langle \mathbf{Q} \cdot \mathrm{rot} \mathbf{Q} \rangle_{\mathcal{H}}$ vor, wobei $\mathbf{Q}$ der Ausrichtungstensor und $\mathcal{H}$ die Hamiltonfunktion des Systems ist [53, 54]. In keinem Fall wurden dabei volle Phasendiagramme berechnet, es wurde nur die Möglichkeit der Existenz eines kritischen Punktes im Rahmen dieser Theorien nachgewiesen. Wir werden im vierten Kapitel Hinweise auf eine weitere Beschreibung einer zweiten isotropen Phase finden.

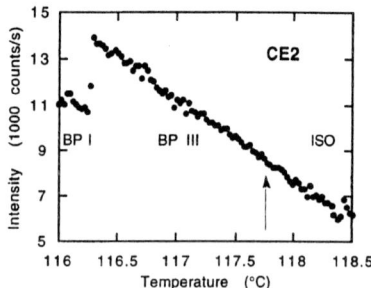

Abbildung 1.14: Lichtstreuung für CE2. Der Pfeil markiert den Phasenübergang Blaue Phase III–isotrope Phase. Man sieht deutlich, daß die Intensität am Phasenübergang nicht mehr springt [48].

1.5   Phasendiagramme der Blauen Phasen

Nach diesem Überblick über die Struktur der Blauen Phasen werden wir nun die experimentellen Phasendiagramme mit dem von GREBEL und

Mitarbeitern berechneten [22] vergleichen. Letzteres war bis zu Beginn der vorliegenden Arbeit das beste theoretisch gewonnene Diagramm. Aus den Unzulänglichkeiten dieses Diagramms werden wir das Ziel für die vorliegende Arbeit (und alle folgenden Arbeiten zur Erklärung der experimentellen Phasendiagramme) festlegen.

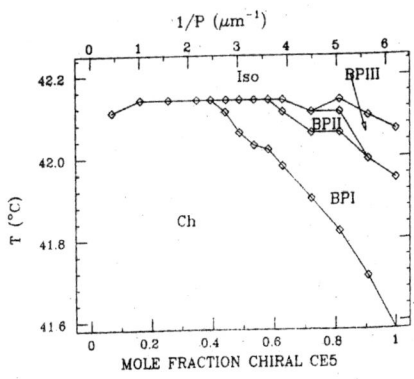

Abbildung 1.15: Phasendiagramm für CE5 [55].

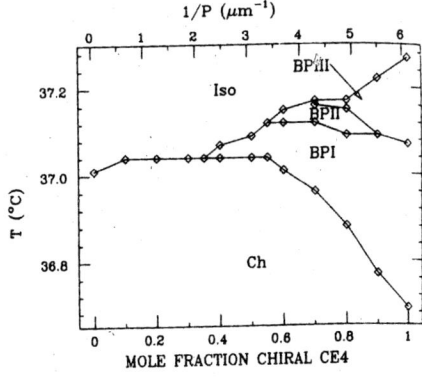

Abbildung 1.16: Phasendiagramm für CE4 [55].

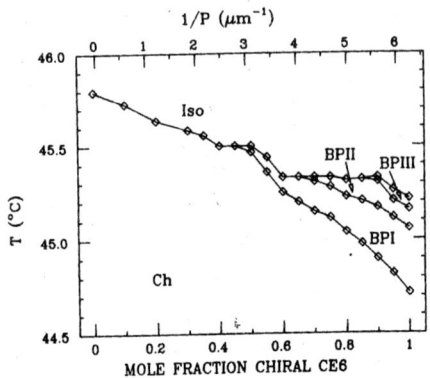

Abbildung 1.17: Phasendiagramm für CE6 [55].

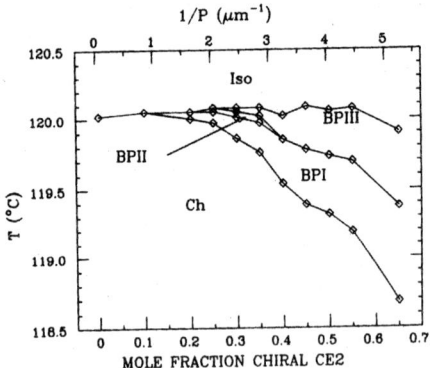

Abbildung 1.18: Phasendiagramm für CE2 [55].

YANG und CROOKER stellten 1987 experimentelle Phasendiagram-me von Mischungen rechts- und linkshändiger chiraler Substanzen vor, die charakteristische Gemeinsamkeiten aufweisen [55]. In Abbildung 1.15 bis 1.18 sind die Phasendiagramme dargestellt. Tieftemperatur-phase ist immer die cholesterische, Hochtemperaturphase die isotrope

Phase. Mit zunehmender Chiralität und steigender Temperatur treten in dieser Reihenfolge die Blauen Phasen I, II und III auf. Die Blaue Phase II verschwindet dabei für hohe Chiralitäten wieder. In den Diagrammen 1.15 bis 1.18 ist der kritische Punkt am Übergang der Blauen Phase III zur isotropen Phase noch nicht gemessen worden.

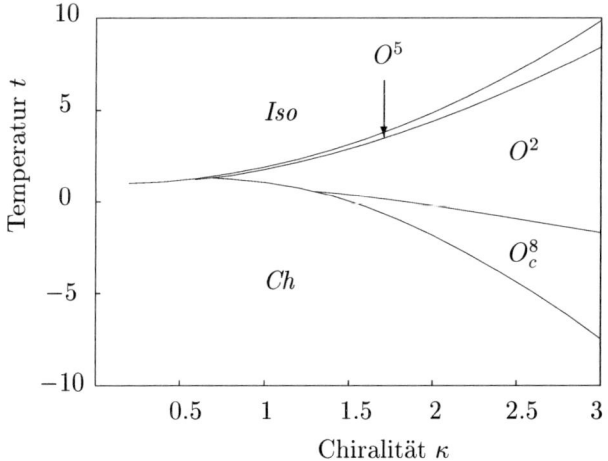

Abbildung 1.19: Theoretisch berechnetes Phasendiagramm nach [22].

Die experimentellen Phasendiagramme zeigen eine nur grobe Übereinstimmung mit dem von GREBEL, HORNREICH und SHTRIKMAN berechneten (siehe Abbildung 1.19). Zwar konnte die kubisch raumzentrierte O^8-Struktur der Blauen Phase I und die einfach kubische Struktur O^2 der Blauen Phase II zugeordnet werden. Die Abfolge der Phasen mit steigender Chiralität sowie das Verschwinden der Blauen Phase II für hohe Chiralität konnte jedoch nicht reproduziert werden. Ein Phasenübergang zwischen der Blauen Phase I und der isotropen Phase tritt nicht auf. Die dominierende Phase ist im Gegensatz zum Experiment die Blaue Phase II. Außerdem findet sich im Phasendiagramm eine weitere kubisch raumzentrierte Struktur der Raumgruppe O^5. Diese hat sich in den bisherigen Erweiterungen der Landau-Theorie als äußerst stabil erwiesen [45, 4]. Ein Strukturvorschlag für die Blaue Phase III lag damals noch nicht vor. Schließlich sei noch auf das starke Anwachsen der

Übergangstemperatur mit zunehmender Chiralität am Phasenübergang zur isotropen Phase hingewiesen.

Damit ergibt sich also folgende Zielsetzung für diese Arbeit:

1. Wie kann die bemerkenswerte Stabilität der O^5-Struktur erklärt werden? Kann sie destabilisiert werden?

2. Kann das Verschwinden der Blauen Phase II im Experiment erklärt werden? Kann ein Phasenübergang zwischen der Blauen Phase I und der isotropen Phase erreicht werden?

3. Läßt sich in diesem Zusammenhang eine isotrope Blaue Phase III beschreiben?

Bevor wir uns diesen Fragen eingehend widmen können, müssen wir zunächst die Landau-Theorie der Blauen Phasen verstehen, der wir uns im nächsten Kapitel zuwenden.

Kapitel 2

Die Landau-Theorie der Blauen Phasen

Im folgenden Kapitel werden wir die theoretische Beschreibung der Blauen Phasen mittels der Landau-Ginzburg-de-Gennes-Theorie kennenlernen. Diese ist eine phänomenologische Theorie, die eine einfache Entwicklung der freien Enthalpie nach Invarianten des Ordnungsparameters benutzt. Stabilen Strukturen im Phasendiagramm entsprechen die globalen Minima der freien Enthalpie.

Zunächst werden wir den Ordnungsparameter der Blauen Phasen definieren und seine Beziehung zu makroskopischen Größen diskutieren. Wir werden anschließend eine Modenentwicklung des Ordnungsparameters durchführen, die spätere Rechnungen erheblich vereinfachen wird. Schließlich werden wir kurz seine Symmetrieeigenschaften darstellen.

Daraufhin werden wir eine kurze phänomenologische Einführung zur freien Enthalpie geben. Eine ausführlichere Darstellung in feldtheoretischem Zusammenhang findet sich im nächsten Kapitel. Wir beschließen das Kapitel mit der Schilderung des Minimierungsverfahrens, das GREBEL, HORNREICH und SHTRIKMAN verwendet haben [22]. Die dabei erhaltene Form der freien Enthalpie werden wir auch für alle weiteren Rechnungen als Grundlage verwenden. Die in bisherigen Arbeiten immer qualitativ eingeführte Beschränkung auf die Helizitätsmoden zu $m = 2$ werden wir quantitativ untersuchen und feststellen, daß in niedrigster Ordnung alle anderen Moden tatsächlich verschwinden.

2.1 Ordnungsparameter und reziproker Raum

Die Bestimmung des Ordnungsparameters eines Systems mit seiner Symmetrie und seiner physikalischen Interpretation stellt einen kritischen Punkt gleich zu Beginn einer jeden phänomenologischen Theorie dar. Man muß an dieser Stelle eine Reihe von Annahmen treffen. Wir vereinbaren zunächst, da"s wir auf einer mesoskopischen Skala von einigen hundert Ångström die Orientierungen von wenigen Molekülen betrachten. Der Ordnungsparameter erfaßt dann die über einen solchen mesoskopischen Bereich gemittelte Orientierung der Moleküle. Wir können dies tun, indem wir weiter ein Modell starrer und zylinderförmiger Moleküle annehmen, was für die vorliegenden physikalischen Systeme eine gute Näherung darstellt (vergleiche Abbildung 1.2).

Wir definieren die Orientierungsverteilungsfunktion $f_{\mathbf{r}}(\theta, \phi)\mathrm{d}\Omega$ als die Wahrscheinlichkeit, am Ort $\mathbf{r}$ ein Molekül zu finden, dessen Orientierung im Raumwinkelelement $\mathrm{d}\Omega = \sin\theta\mathrm{d}\theta\mathrm{d}\phi$ liegt. Wir entwickeln $f_{\mathbf{r}}(\theta, \phi)$ nach Kugelflächenfunktionen $Y_m^l(\theta, \phi)$ und erhalten

$$f_{\mathbf{r}}(\theta, \phi) = \sum_{l=0}^{\infty} \sum_{m=-l}^{l} c_m^l(\mathbf{r}) Y_m^l(\theta, \phi). \tag{2.1}$$

Die Entwicklungskoeffizienten

$$c_m^l(\mathbf{r}) = \int_{S^2} \mathrm{d}\Omega'\, Y_m^{l*}(\theta', \phi') f_{\mathbf{r}}(\theta', \phi') = \left\langle Y_m^{l*}(\theta', \phi') \right\rangle_{f_{\mathbf{r}}} \tag{2.2}$$

sind die vom Raumpunkt $\mathbf{r}$ abhängigen Ordnungsparameter. Die $2l+1$ Funktionen $c_m^l(\mathbf{r})$, $m = -l \ldots l$ bilden die Komponenten eines irreduziblen sphärischen Tensors[1] vom Rang $2l+1$.

Die räumliche Periodizität der Blauen Phasen legt es nahe, eine Entwicklung der Ordnungsparameter nach ebenen Wellen durchzuführen.

---

[1]Das bedeutet, für c_m^l gilt ein lineares Transformationsgesetz bei Koordinatentransformationen.

Dieses Vorgehen ist auch aus einem weiteren Gesichtspunkt sinnvoll: Eine große Bedeutung bei der experimentellen Strukturbestimmung der Blauen Phasen besitzt die Methode der Braggstreuung (vergleiche Abschnitt 1.3). Dabei wird Licht mit einem Wellenvektor $\mathbf{k}$ eingestrahlt; das reflektierte Licht hat den Wellenvektor $\mathbf{k}'$. Die Differenz $\mathbf{k} - \mathbf{k}'$ entspricht einem Vektor aus dem reziproken Gitter.

Der reziproke Raum wird über seine Basisvektoren $\boldsymbol{\omega}_x$, $\boldsymbol{\omega}_y$ und $\boldsymbol{\omega}_z$ durch die Beziehung

$$\boldsymbol{\omega}_i \cdot \mathbf{e}_j = 2\pi\delta_{ij} \qquad (2.3)$$

bestimmt, wobei $\mathbf{e}_j$ die Basisvektoren des Ortsraums sind. Für das Volumen V^* der reziproken Einheitszelle gilt daher

$$V^* = \frac{(2\pi)^3}{V}. \qquad (2.4)$$

Das zum einfach kubischen Gitter reziproke Gitter ist ebenfalls einfach kubisch, das zum kubisch raumzentrierten Gitter reziproke ist kubisch flächenzentriert.

Wendet man die $|\mathcal{P}|$ Elemente einer Punktgruppe $\mathcal{P}$ auf einen reziproken Gittervektor $\mathbf{k}_R$ an, bekommt man weitere reziproke Gittervektoren vom Betrag $|\mathbf{k}_R|$. Man nennt die Menge dieser Vektoren den Stern von $\mathbf{k}_R$:

$$^\star\mathbf{k}_R = \{\mathbf{S}\mathbf{k}_R | \mathbf{S} \in \mathcal{P}\}. \qquad (2.5)$$

Wir nennen $\mathbf{k}_R$ einen Repräsentanten des Sterns. Liegt der Repräsentant in einer Vorzugsrichtung des Flüssigkristalls, so gibt es eine nichttriviale Untergruppe von $\mathcal{P}$, die $\mathbf{k}_R$ invariant l"a"st. Die Anzahl der Elemente im Stern ist dann ein echter Teiler der Gruppenordnung und wir nennen einen solchen Stern entartet. Wir bezeichnen das kontinuierliche Gegenstück zum Stern, das entsteht, wenn man die Elemente der $\mathcal{SO}(3)$ auf einen Repräsentanten wirken läßt, eine Schale.

Wir führen also eine Entwicklung von $c_m^l(\mathbf{r})$ nach ebenen Wellen durch[2]:

$$c_m^l(\mathbf{r}) = \sum_{\mathbf{k}} c_m^l(\mathbf{k})e^{i\mathbf{k}\cdot\mathbf{r}}. \qquad (2.6)$$

---

[2]Wir kennzeichnen die unterschiedliche funktionale Gestalt von $c_m^l(\mathbf{r})$ und $c_m^l(\mathbf{k})$ hier nur über das Funktionsargument.

Flüssigkristalle bilden keine spontan polarisierten Phasen aus, selbst dann nicht, wenn die Moleküle polar sind[3]. Da die ungeraden Ordnungen in l der Entwicklung (2.1) zwischen Orientierungen unterscheiden, die um 180° zueinander verdreht sind, verschwinden diese Beiträge zur Orientierungsverteilungsfunktion. c_0^0 beschreibt den Monopolbeitrag, der aus Normierungsgründen konstant ist. Der führende Term in Gleichung (2.1) ist also der Quadrupolterm

$$\sum_{m=-2}^{2} c_m^2(\mathbf{r}) Y_m^2(\theta, \phi). \tag{2.7}$$

2.2 Die Tensormoden des Ordnungsparameters

Zwischen den fünf Komponenten des irreduziblen sphärischen Tensors $c_m^2(\mathbf{k})$ und den Komponenten $c_{ij}(\mathbf{k})$ des kartesischen Tensors $\mathbf{c}(\mathbf{k})$ besteht der folgende Zusammenhang[4]:

$$c_{\mp 2}^2 = \frac{1}{2} \left[c_{xx} - c_{yy} \pm \mathrm{i}(c_{xy} + c_{yx}) \right]$$

$$c_{\mp 1}^2 = \mp \frac{1}{2} \left[c_{zx} + c_{xz} \pm \mathrm{i}(c_{yz} + c_{zy}) \right] \tag{2.8}$$

$$c_0^2 = \frac{1}{\sqrt{6}} [3c_{zz} - \mathrm{Sp}(\mathbf{c})],$$

wobei $\mathrm{Sp}(\mathbf{c})$ die Spur von $\mathbf{c}$ bezeichnet.

Um diesen Zusammenhang näher untersuchen zu können, führen wir ein lokales Rechtsdreibein zu $\mathbf{k}$ ein:

$$\mathcal{K} = \{ \boldsymbol{\xi}, \boldsymbol{\eta}, \mathbf{k} \}. \tag{2.9}$$

Die Richtungen von $\boldsymbol{\xi}$ und $\boldsymbol{\eta}$ sind nur bis auf einen Rotationsfreiheitsgrad um $\mathbf{k}$ definiert. Dieser wird durch Auswahlregeln festgelegt (vergleiche Abschnitt 2.4). $\boldsymbol{\xi}$, $\boldsymbol{\eta}$ und $\mathbf{k}$ seien hier außerdem normiert.

---

[3]Der Grund hierfür ist immer noch Gegenstand aktueller Forschung [56].

[4]Die $\mathbf{k}$-Abhängigkeit wird hier unterdrückt. Außer den Beiträgen zu $l = 2$ enthält $\mathbf{c}(\mathbf{k})$ auch noch Beiträge zu $l = 0$ und $l = 1$, die hier unberücksichtigt bleiben. Im Vergleich zur üblichen Literatur [57] muß m und $-m$ vertauscht werden, um mit den Konventionen für die Basistensoren konsistent zu bleiben.

Mit der Definition der fünf Basistensoren[5]

$$\mathbf{M}_0(\mathbf{k}) = \frac{1}{\sqrt{6}}\,(3\mathbf{k} \otimes \mathbf{k} - \mathbf{1})$$

$$\mathbf{M}_{\pm 1}(\mathbf{k}) = \mp\frac{1}{2}\,[\boldsymbol{\xi} \otimes \mathbf{k} + \mathbf{k} \otimes \boldsymbol{\xi} \pm \mathrm{i}\,(\boldsymbol{\eta} \otimes \mathbf{k} + \mathbf{k} \otimes \boldsymbol{\eta})] \qquad (2.10)$$

$$\mathbf{M}_{\pm 2}(\mathbf{k}) = \frac{1}{2}\,[\boldsymbol{\xi} \otimes \boldsymbol{\xi} - \boldsymbol{\eta} \otimes \boldsymbol{\eta} \pm \mathrm{i}\,(\boldsymbol{\xi} \otimes \boldsymbol{\eta} + \boldsymbol{\eta} \otimes \boldsymbol{\xi})]$$

schreiben wir den Zusammenhang (2.8) in der folgenden Weise:

$$c_m^2 = \mathrm{Sp}(\mathbf{c}\mathbf{M}_{-m}). \qquad (2.11)$$

Statt der fünf unabhängigen Parameter $c_m^2(\mathbf{r})$ können wir auch das Quadrupoltensorfeld

$$\mathbf{Q}(\mathbf{r}) = \sum_{\mathbf{k}} \sum_{m=-2}^{2} Q_m(\mathbf{k})\mathbf{M}_m(\mathbf{k})e^{\mathrm{i}\mathbf{k}\cdot\mathbf{r}} \qquad (2.12)$$

als Ordnungsparameter verwenden. Es stellt den symmetrischen und spurlosen Anteil von $\mathbf{c}$ dar. Die freien Amplituden $Q_m(\mathbf{k})$ spiegeln die Unabhängigkeit der fünf Moden wider.

Durch die Abkürzung

$$\mathbf{u} = \frac{1}{\sqrt{2}}(\boldsymbol{\xi} + \mathrm{i}\boldsymbol{\eta}) \qquad (2.13)$$

mit den Eigenschaften

$$\mathbf{u} \cdot \mathbf{u} = 0, \qquad \mathbf{u}^* \cdot \mathbf{u} = 1, \qquad \mathbf{u}^* = \frac{1}{\sqrt{2}}(\boldsymbol{\xi} - \mathrm{i}\boldsymbol{\eta}) \qquad (2.14)$$

nehmen die Basistensoren (2.10) eine besonders einfache Gestalt an:

$$\mathbf{M}_0(\mathbf{k}) = \frac{1}{\sqrt{6}}\,(3\mathbf{k} \otimes \mathbf{k} - \mathbf{1}) \qquad (2.15)$$

$$\mathbf{M}_1(\mathbf{k}) = -\frac{1}{\sqrt{2}}\,(\mathbf{u} \otimes \mathbf{k} + \mathbf{k} \otimes \mathbf{u}) = -\mathbf{M}_{-1}^*(\mathbf{k})$$

$$\mathbf{M}_2(\mathbf{k}) = \mathbf{u} \otimes \mathbf{u} = \mathbf{M}_{-2}^*(\mathbf{k}).$$

---

[5]Obwohl die Basistensoren natürlich vom ganzen Dreibein $\mathcal{K}$ abhängen, indizieren wir sie aus Gründen der Übersichtlichkeit dennoch mit $\mathbf{k}$. Der Basistensor zu $m = \pm 1$ ist anders definiert als üblicherweise angegeben [3].

Die Basistensoren sind orthonormiert:

$$\text{Sp}(\mathbf{M}_m(\mathbf{k})\mathbf{M}_{m'}(\mathbf{k})) = (-1)^m \delta_{m,-m'}. \tag{2.16}$$

Wir fordern, daß $\mathbf{Q}(\mathbf{r})$ eine reelle Größe ist, also (unter Umnumerierung der zweiten Summe in $\mathbf{k}$ aus Gleichung (2.12))

$$\sum_{m=-2}^{2} Q_m(\mathbf{k})\mathbf{M}_m(\mathbf{k}) = \sum_{m=-2}^{2} Q_m^*(-\mathbf{k})\mathbf{M}_m^*(-\mathbf{k}). \tag{2.17}$$

Dabei wählen wir das Dreibein $-\mathcal{K}$ zu $-\mathbf{k}$ derart, daß $\mathbf{u}(-\mathbf{k}) = \mathbf{u}^*(\mathbf{k})$:

$$-\mathcal{K} = \{\boldsymbol{\xi}, -\boldsymbol{\eta}, -\mathbf{k}\}. \tag{2.18}$$

Dann folgt aus den Gleichungen (2.15), (2.17) und (2.16)

$$\mathbf{M}_m(-\mathbf{k}) = (-1)^m \mathbf{M}_m^*(\mathbf{k}) \tag{2.19}$$

$$Q_m(-\mathbf{k}) = (-1)^m Q_m^*(\mathbf{k}) \tag{2.20}$$

$$\text{Sp}(\mathbf{M}_m(\mathbf{k})\mathbf{M}_{m'}(-\mathbf{k})) = (-1)^m \delta_{m,m'}. \tag{2.21}$$

Am Ende dieses Abschnitts muß eine Bemerkung hinsichtlich des von GREBEL und Mitarbeitern verwendeten Ordnungsparameters [21] stehen. Dort wird die Amplitude des Ordnungsparameters noch mit der Wurzel der Multiplizität des Sterns skaliert. Die Skalierung hat allerdings keinen Einfluß auf die Berechnungen.

2.3 Veranschaulichung des Ordnungsparameters

Im folgenden Abschnitt wollen wir den Ordnungsparameter auf zwei Weisen veranschaulichen. Zum einen betrachten wir Gleichung (2.12) im Hauptachsensystem von $\mathbf{Q}$, zum anderen stellen wir einen Bezug zu einer meßbaren Größe, dem Dielektrizitätstensor, her.

Im Hauptachsensystem $\{\boldsymbol{\omega}_x, \boldsymbol{\omega}_y, \boldsymbol{\omega}_z\}$ besitzt $\mathbf{Q}$ lediglich zwei unabhängige Komponenten:

$$\mathbf{Q}(\mathbf{r}) = S\left(\boldsymbol{\omega}_z \otimes \boldsymbol{\omega}_z - \frac{1}{3}\mathbf{1}\right) + T\left(\boldsymbol{\omega}_x \otimes \boldsymbol{\omega}_x - \boldsymbol{\omega}_y \otimes \boldsymbol{\omega}_y\right). \tag{2.22}$$

Wir legen dabei fest, daß ω_z in Richtung des Eigenvektors mit dem größten Eigenwert zeigt. Für $T = 0$ hat $\mathbf{Q}$ nur zwei verschiedene Eigenwerte. In x- und y-Richtung sind die Eigenwerte entartet. Der Eigenwert $2S/3$ gehört zur ausgezeichneten Richtung $\mathbf{n} = \pm\omega_z$. Wir nennen diese den Direktor. Er beschreibt die lokale Vorzugsrichtung der Moleküle. Wir bezeichnen einen solchen Flüssigkristall als uniaxial. Der Parameter S kennzeichnet den Ordnungsgrad des Flüssigkristalls. Für $S = 0$ ist der Flüssigkristall völlig ungeordnet, für $S = \pm 1$ ist er vollständig uniaxial geordnet.

Im Fall $T \neq 0$ besitzt $\mathbf{Q}$ drei unterschiedliche Eigenwerte[6]. Wir nennen den Flüssigkristall dann biaxial.

Die Ordnung im Flüssigkristall wird makroskopisch zum Beispiel im Dielektrizitätstensor $\epsilon^d(\mathbf{r})$ deutlich. Er vermittelt zwischen dem angelegten elektrischen Feld und der dielektrischen Verschiebung

$$\mathbf{D} = \epsilon_0 \epsilon^d \mathbf{E}. \tag{2.23}$$

Dieser Tensor ist in Flüssigkristallen lokal anisotrop. Der spurlose Anteil

$$\epsilon(\mathbf{r}) = \epsilon^d(\mathbf{r}) - \frac{1}{3}\mathrm{Sp}(\epsilon^d(\mathbf{r}))\mathbf{1}, \tag{2.24}$$

also die Abweichung des Dielektrizitätstensors vom isotropen Zustand, ist für uniaxiale Flüssigkristalle direkt proportional zum Quadrupoltensorfeld $\mathbf{Q}(\mathbf{r})$:

$$\epsilon = 4\pi A \gamma_a N \mathbf{Q} \equiv \epsilon_a \left(\mathbf{n} \otimes \mathbf{n} - \frac{1}{3}\mathbf{1} \right). \tag{2.25}$$

Dabei bezeichnet $\gamma_a = \gamma_{\parallel} - \gamma_{\perp}$ die Anisotropie der Polarisierbarkeit eines Moleküls, N die Anzahl der Moleküle pro Einheitsvolumen und A eine Korrektur für die Effekte des lokalen Felds. Im Bereich der optischen Frequenzen ist $|\epsilon_a| \lesssim 0.1$[7].

Für biaxiale Flüssigkristalle gilt die Beziehung (2.25) nicht mehr exakt, da die Hauptachsen von ϵ und $\mathbf{Q}$ aufgrund der Anisotropie des lokalen Feldes nicht notwendigerweise übereinstimmen. Für kleine ϵ_a und kleine Biaxialitäten T jedoch gilt Gleichung (2.25) näherungsweise.

---

[6]von denen aufgrund der Bedingung $\mathrm{Sp}(\mathbf{Q}) = 0$ nur zwei unabhängig sind

[7]In dieser Arbeit wird durchweg der Dezimalpunkt bei der Darstellung von Zahlen anstelle des im Deutschen üblichen Kommas verwendet, da das Komma in einigen Fällen zu Mißverständnissen führen könnte (vergleiche zum Beispiel $1, 1, 1, 2, 1, 3$ mit $1.1, 1.2, 1.3$).

2.4 Symmetrieeigenschaften des Ordnungsparameters

Bisher kennen wir die Darstellung der Basistensoren nur in ihrer Eigenbasis. Um aber einen Basistensor zu $\mathbf{k}' \neq \pm\mathbf{k}$ in der Basis $\mathcal{K}$ darstellen zu können, müssen wir uns mit der Symmetrie des Ordnungsparameters befassen.

Wir haben schon in Abschnitt 1.2 bemerkt, daß die Blauen Phasen eine Raumgruppensymmetrie aufweisen. Dies ist bedingt durch die explizite Ortsabhängigkeit des Ordnungsparameters, der dadurch nicht nur unter den Rotationen der Punktgruppe, sondern auch unter Translationen invariant bleiben muß. Wir werden daher kurz auf die Wirkung der Raumgruppenelemente eingehen und dann diskutieren, welche Forderungen sich daraus an $\mathbf{Q}(\mathbf{r})$ ergeben.

Sei $\mathbf{S}$ ein Element einer Punktgruppe $\mathcal{P}$, $\mathbf{t}$ eine Verschiebung. Die Elemente $\{\mathbf{S}|\mathbf{t}\}$ einer Raumgruppe $\mathcal{G}$ sind durch ihre Wirkung auf einen Ortsvektor $\mathbf{r}$ definiert:

$$\{\mathbf{S}|\mathbf{t}\}\mathbf{r} := \mathbf{S}\mathbf{r} + \mathbf{t}. \tag{2.26}$$

Für die Wirkung auf ein Tensorfeld gilt:

$$\{\mathbf{S}|\mathbf{t}\}\mathbf{Q}(\mathbf{r}) = \mathbf{S}\mathbf{Q}\left(\{\mathbf{S}|\mathbf{t}\}^{-1}\mathbf{r}\right)\mathbf{S}^{-1}. \tag{2.27}$$

Wir zerlegen die Translation $\mathbf{t}$ in einen beliebigen Gittervektor $\mathbf{g}$, den Gleitanteil $\mathbf{t}_\mathrm{G}$ und den Ortsanteil $\mathbf{t}_\mathrm{L}$:

$$\mathbf{t} = \mathbf{g} + \mathbf{t}_\mathrm{G} + \mathbf{t}_\mathrm{L}. \tag{2.28}$$

Ohne Beschränkung der Allgemeinheit kann $\mathbf{g} = \mathbf{0}$ gesetzt werden. Der Gleitanteil $\mathbf{t}_\mathrm{G}$ tritt bei Schraubenachsen auf. Er beschreibt, um welche Distanz man den Flüssigkristall bei der Rototranslation in Richtung der Schraubenachse verschieben muß. Der Ortsanteil $\mathbf{t}_\mathrm{L}$ muß berücksichtigt werden, wenn eine Symmetrieachse nicht durch den gewählten Ursprung geht. Denn dann wird bei einer Drehung um diese Achse auch der Ursprung verschoben. Die Elemente der Raumgruppen findet man zum Beispiel in den Internationalen Kristallographischen Tafeln [23].

Wie bereits erwähnt, suchen wir symmetrieangepaßte Ordnungsparameter, die unter der Wirkung einer Raumgruppe invariant bleiben:

$$\{\mathbf{S}|\mathbf{t}\}\mathbf{Q}(\mathbf{r}) = \mathbf{Q}(\mathbf{r}). \tag{2.29}$$

Unter Anwendung der Regeln (2.26) und (2.27), der Entwicklung 2.12 sowie durch Umindizierung in der zweiten Summe erhalten wir

$$\sum_{\mathbf{k}} \sum_{m} Q_m(\mathbf{k}) \mathbf{S} \mathbf{M}_m(\mathbf{k}) \mathbf{S}^{-1} e^{i\mathbf{S}\mathbf{k}\cdot\mathbf{r}} e^{-i\mathbf{S}\mathbf{k}\cdot\mathbf{t}}$$

$$= \sum_{\mathbf{S}\mathbf{k}} \sum_{m} Q_m(\mathbf{S}\mathbf{k}) \mathbf{M}_m(\mathbf{S}\mathbf{k}) e^{i\mathbf{S}\mathbf{k}\cdot\mathbf{r}} \quad \forall \mathbf{S} \in \mathcal{P}. \quad (2.30)$$

Koeffizientenvergleich liefert die Bedingung

$$Q_m(\mathbf{k}) \mathbf{S} \mathbf{M}_m(\mathbf{k}) \mathbf{S}^{-1} e^{-i\mathbf{S}\mathbf{k}\cdot\mathbf{t}} = Q_m(\mathbf{S}\mathbf{k}) \mathbf{M}_m(\mathbf{S}\mathbf{k}) \quad \forall m, \mathbf{k}, \forall \mathbf{S} \in \mathcal{P}. \quad (2.31)$$

Damit existiert nur ein frei wählbares Produkt $Q_m(\mathbf{k}_R) \mathbf{M}_m(\mathbf{k}_R)$ für jeden Stern. Wir wollen die Bedingung (2.31) noch etwas umformen, um auf getrennte Bedingungsgleichungen für die Amplitude $Q_m(\mathbf{k})$ und den Basistensor $\mathbf{M}_m(\mathbf{k})$ zu kommen. Dazu bilden wir die Norm von Gleichung (2.31) und finden

$$|Q_m(\mathbf{S}\mathbf{k}_R)| = |Q_m(\mathbf{k}_R)|, \quad (2.32)$$

also

$$Q_m(\mathbf{S}\mathbf{k}_R) = e^{i\phi_\mathbf{S}(\mathbf{k}_R)} Q_m(\mathbf{k}_R). \quad (2.33)$$

Falls nun in einem Stern zu $\mathbf{k}_R$ auch $-\mathbf{k}_R$ existiert, das heißt ein $\mathbf{S}$ existiert, das auf $\mathbf{k}_R$ wie $-\mathbf{1}$ wirkt[8], dann gilt nach Gleichung (2.33) und (2.20):

$$Q_m(-\mathbf{k}_R) = e^{i\phi_{-1}(\mathbf{k}_R)} Q_m(\mathbf{k}_R) \quad (2.34)$$

$$= (-1)^m Q_m^*(\mathbf{k}_R). \quad (2.20)$$

Diese Bedingung ist für die später betrachteten Sterne immer erfüllt. Um eine Gleichung für die Basistensoren herzuleiten, setzen wir in der Bedingungsgleichung (2.31) formal $\mathbf{S} = -\mathbf{1}$:

$$Q_m(\mathbf{k}_R) \mathbf{M}_m(\mathbf{k}_R) e^{i\mathbf{k}_R\cdot\mathbf{t}} = Q_m(-\mathbf{k}_R) \mathbf{M}_m(-\mathbf{k}_R), \quad (2.35)$$

---

[8] Die kubische Punktgruppe O enthält die Inversion nicht. Liegt $\mathbf{k}_R$ aber in einer Vorzugsrichtung, so generieren die übrigen Drehungen auch die Inversion. Dies ist für die bei den Blauen Phasen in dieser Arbeit verwendeten Sterne immer der Fall.

und mit Gleichung (2.34) ergibt sich

$$\mathbf{M}_m(\mathbf{k}_R)e^{i\mathbf{k}_R \cdot \mathbf{t}} = e^{-i\phi_{-1}(\mathbf{k}_R)}\mathbf{M}_m(-\mathbf{k}_R). \tag{2.36}$$

Zwischen $\mathbf{M}_m(\mathbf{k}_R)$ und $\mathbf{M}_m(-\mathbf{k}_R)$ besteht die feste Phasenbeziehung

$$\mathbf{M}_m(-\mathbf{k}) = (-1)^m \mathbf{M}_m^*(\mathbf{k}). \tag{2.19}$$

Daher bestimmt Gleichung (2.36) den Phasenfaktor $e^{-i\phi_{-1}(\mathbf{k}_R)/2}$ von $\mathbf{M}_m(\mathbf{k}_R)$.

Durch Einführung eines neuen Feldes $\tilde{Q}_m(\mathbf{k}_R)$ mit

$$Q_m(\mathbf{k}_R) = \tilde{Q}_m(\mathbf{k}_R)e^{i\phi_{-1}(\mathbf{k}_R)/2} \tag{2.37}$$

bekommen wir eine geeignete Wahl der Amplituden: Wir erhalten dann aus Gleichung (2.34) und (2.20)

$$\tilde{Q}_m^*(\mathbf{k}_R) = (-1)^m \tilde{Q}_m(\mathbf{k}_R). \tag{2.38}$$

Für $m = 0$ und $m = 2$ bedeutet dies, daß $\tilde{Q}_m(\mathbf{k}_R)$ reell ist. Im Fall von $m = 1$ dagegen gilt

$$\tilde{Q}_m^*(\mathbf{k}_R) = -\tilde{Q}_m(\mathbf{k}_R). \tag{2.39}$$

$\tilde{Q}_m(\mathbf{k}_R)$ ist dann rein imaginär. Den Phasenfaktor $e^{i\phi_{-1}(\mathbf{k}_R)/2}$ aber können wir den Basistensoren zuweisen:

$$\tilde{\mathbf{M}}_m(\mathbf{k}_R) = e^{i\phi_{-1}(\mathbf{k}_R)/2}\mathbf{M}_m(\mathbf{k}_R) \tag{2.40}$$

$$\tilde{\mathbf{M}}_m(-\mathbf{k}_R) = e^{-i\phi_{-1}(\mathbf{k}_R)/2}\mathbf{M}_m(-\mathbf{k}_R) \tag{2.41}$$

$$= (-1)^m \tilde{\mathbf{M}}_m^*(\mathbf{k}_R). \tag{2.42}$$

Die Bedingung (2.36) gilt daher auch für die transformierten Basistensoren. Wir können also $\tilde{Q}_m(\mathbf{k})$ anstelle von $Q_m(\mathbf{k})$ verwenden. Im folgenden lassen wir zur Vereinfachung der Schreibweise die Tilden weg.

Wir fordern, daß die Amplituden aller Elemente eines Sterns gleich sein sollen,

$$Q_m(\mathbf{S}\mathbf{k}_R) = Q_m(\mathbf{k}_R), \tag{2.43}$$

und erhalten damit für beliebige Operationen $\{\mathbf{S}\,|\,\mathbf{t}\}$ die folgende Bedingungsgleichung für $\mathbf{M}_m(\mathbf{Sk}_R)$:

$$\mathbf{M}_m(\mathbf{Sk}_R) = \mathbf{SM}_m(\mathbf{k}_R)\mathbf{S}^{-1}e^{-i\mathbf{Sk}_R \cdot \mathbf{t}} \qquad (2.44)$$

Für entartete Sterne ergeben sich aus Gleichung (2.31) Auswahlregeln. Falls $\mathbf{Sk}_R = \mathbf{k}_R$ für ein beliebiges $\mathbf{S} \in \mathcal{G}$, gilt

$$Q_m(\mathbf{k}_R) = 0 \qquad \vee \qquad \mathbf{M}_m(\mathbf{k}_R) = \mathbf{SM}_m(\mathbf{k}_R)\mathbf{S}^{-1}e^{-i\mathbf{k}_R \cdot \mathbf{t}_G}, \qquad (2.45)$$

das heißt die Mode $(\mathbf{k}_R, m)$ tritt nur dann auf, wenn der Phasenfaktor der Rotation $\mathbf{S}$ genau durch den Phasenfaktor des Gleitanteils aufgehoben wird.

Ist andererseits $\mathbf{S}_1\mathbf{k}_R = \mathbf{S}_2\mathbf{k}_R$, so findet man

$$Q_m(\mathbf{k}_R) = 0 \qquad \vee$$
$$\mathbf{S}_1\mathbf{M}_m(\mathbf{k}_R)\mathbf{S}_1^{-1}e^{-i\mathbf{k}_R \cdot \mathbf{t}_1} = \mathbf{S}_2\mathbf{M}_m(\mathbf{k}_R)\mathbf{S}_2^{-1}e^{-i\mathbf{k}_R \cdot \mathbf{t}_2}, \qquad (2.46)$$

das heißt die Mode $(\mathbf{k}_R, m)$ tritt genau dann auf, wenn sich die Phasenanteile durch Drehung und Translation aufheben.

Fassen wir noch einmal kurz zusammen:

- Für jedes m und jeden Stern, der $\mathbf{k}$ und $-\mathbf{k}$ enthält, kann eine gemeinsame Amplitude $Q_m(\mathbf{k}_R)$ gewählt werden. Diese ist für gerade m rein reell, für ungerade m rein imaginär.

- Für $\mathbf{M}_m(\mathbf{k}_R)$ berechnet man aus Gleichung (2.36) einen Phasenfaktor.

- Die übrigen $\mathbf{M}_m(\mathbf{Sk}_R)$ berechnet man aus Gleichung (2.44).

2.5 Die freie Enthalpie

Nach dieser sehr trockenen und theoretischen Behandlung der Symmetrieeigenschaften des Ordnungsparameters wenden wir uns nun der freien Enthalpie[9] zu. Wir werden sie in diesem Abschnitt phänomenologisch einführen. Später, in Abschnitt 3.3, werden wir sie aus der statistischen Feldtheorie herleiten.

---

[9]In der englischsprachigen Literatur wird diese oft auch als *free energy* bezeichnet.

Die freie Enthalpie F ist definiert als (doppelte) Legendretransformation der inneren Energie U:

$$F = U - TS + pV. \tag{2.47}$$

Hierbei sind T die Temperatur, S die Entropie, p der Druck und V das Volumen des Systems. Als zusätzliche Größe führen wir den Ordnungsparameter $\mathbf{Q}$ ein. Druck und Teilchenzahl N werden bei der Messung von Phasendiagrammen üblicherweise konstant gehalten. Die Entropie berücksichtigen wir nur über die Temperaturabhängigkeit des Ordnungsparameters[10]. In der Nähe des Phasenübergangs kann dann das System durch eine Entwicklung der freien Enthalpie nach Potenzen des Ordnungsparameters gut beschrieben werden [58].

Die möglichen stabilen Phasen des Systems entsprechen den Minima der freien Enthalpie. Die tatsächlich angenommene stabile Phase ist dabei durch das absolute Minimum von F gekennzeichnet. Die isotrope Phase wird durch einen verschwindenden Ordnungsparameter charakterisiert.

Aus diesen Bemerkungen folgen sofort einige Anforderungen an die freie Enthalpie:

- Sie muß gerader Ordnung sein; andernfalls existieren keine stabilen Zustände.

- Der Term erster Ordnung muß verschwinden. Tritt ein solcher Term in der freien Enthalpie auf, entspricht der isotropen Phase kein Minimum mehr. Sie ist damit nirgends im Phasenraum stabil. Derartige Terme müssen bei angelegtem elektrischem oder magnetischem Feld berücksichtigt werden.

- Die freie Enthalpie muß mindestens vierter Ordnung sein, um neben der isotropen Phase noch andere, geordnete Phasen zu erzeugen.

Die freie Enthalpie muß Term für Term invariant unter der Symmetriegruppe der Hochtemperaturphase sein. Das ist in unserem Fall die

---

[10]Da die Entropie $S = -\partial F/\partial T$, enthalten die temperaturabhängigen Anteile der freien Enthalpie immer Beiträge zur Entropie.

Euklidische Gruppe $\mathcal{E}(3) = \mathcal{SO}(3) \wedge \mathcal{T}(3)$. Unter Vernachlässigung von Oberflächentermen erhält man für die Blauen Phasen [21]

$$F = F_2 + F_3 + F_4$$

$$F_2 = \frac{1}{2V} \int d^3r \, (aQ_{ij}Q_{ji} + c_1 Q_{ij,l}Q_{ij,l}$$

$$+ c_2 Q_{ij,i}Q_{lj,l} - 2d\epsilon_{ijl}Q_{in}Q_{ln,j})$$

$$F_3 = -\frac{\beta}{\sqrt{24}V} \int d^3r \, Q_{ij}Q_{jk}Q_{ki}$$

$$F_4 = \frac{\lambda}{24V} \int d^3r \, (Q_{ij}Q_{ji})^2 \,. \tag{2.48}$$

Die Notation $Q_{ij,k}$ bedeutet hier die partielle Ableitung von Q_{ij} nach der Koordinate x_k. ϵ_{ijk} ist der vollständig antisymmetrische Tensor, der folgende Werte annimmt:

$$\epsilon_{ijk} = \begin{cases} 1 & \text{falls } ijk \text{ eine gerade Permutation von } 1,2,3 \text{ darstellt} \\ -1 & \text{falls } ijk \text{ eine ungerade Permutation von } 1,2,3 \text{ darstellt} \\ 0 & \text{sonst.} \end{cases}$$

$$\tag{2.49}$$

Aus Stabilitätsgründen muß $\lambda > 0$ gelten. Die weiteren Stabilitätskriterien werden wir später diskutieren. Die Anwesenheit eines Terms dritter Ordnung ($\beta \neq 0$) erlaubt es uns, Phasenübergänge erster Ordnung zu beschreiben[11]. Der Ordnungsparameter springt dann am Phasenübergang von der geordneten Phase in die isotrope Phase auf Null. Die geforderte Invarianz der freien Enthalpie für jeden einzelnen Term spiegelt sich in den sechs (zunächst) unabhängig wählbaren Landaukoeffizienten (a, $c_{1,2}$, d, β und γ) wider. Wir werden noch sehen, daß die Zahl dieser Parameter durch Skalierungen der physikalischen Größen reduziert werden kann. Der Term $-2d\epsilon_{ijl}Q_{in}Q_{ln,j}$ ist chiral, da er linear im Gradienten ist und so eine Händigkeit auszeichnet. Durch Wahl von $d > 0$ definieren wir den Drehsinn eindeutig.

Die Vorfaktoren der Terme dritter und vierter Ordnung haben wir nach zwei Kriterien gewählt: Die Theorie soll später mit anderen Arbeiten aus der Feldtheorie vergleichbar sein, daher ist der Term vierter

---

[11]Bei Berücksichtigung von Fluktuationen ist das Auftreten eines kubischen Terms allerdings keine Voraussetzung für die Beschreibung von Phasenübergängen erster Ordnung [6].

Ordnung im Vergleich zu GREBEL und Mitarbeitern mit dem Faktor 1/24 behaftet. Außerdem sollen die Phasendiagramme denen von GREBEL und Mitarbeitern gleichen [21]. Dies erreicht man dadurch, daß die Ordnungsparameteramplituden um einen Faktor $\sqrt{24}$ und die freie Enthalpie um einen Faktor 24 skaliert wird. Dann muß zusätzlich der kubische Term mit einem Faktor $1/\sqrt{24}$ multipliziert werden.

Wir führen nun eine Modenentwicklung des Ordnungsparameters gemäß Abschnitt 2.4 durch. Unter Verwendung der Normierung

$$\frac{1}{V} \int e^{i\mathbf{k}\cdot\mathbf{r}} d^3r = \delta_{\mathbf{k},\mathbf{0}} \tag{2.50}$$

erhalten wir [21]

$$
\begin{aligned}
F = & \frac{1}{2} \sum_{\mathbf{k}} \sum_{m} \left\{ a - mdk + \left[c_1 + \frac{1}{6}c_2 \left(4 - m^2\right)\right] k^2 \right\} \times \\
& \times Q_m(\mathbf{k})Q_m(-\mathbf{k}) \\
& - \frac{\beta}{\sqrt{24}} \sum_{\mathbf{k}_1+\mathbf{k}_2+\mathbf{k}_3=0} \sum_{\substack{m_1,m_2 \\ m_3}} Q_{m_1}(\mathbf{k}_1)Q_{m_2}(\mathbf{k}_2)Q_{m_3}(\mathbf{k}_3) \times \\
& \times \mathrm{Sp}\left[\mathbf{M}_{m_1}(\mathbf{k}_1)\mathbf{M}_{m_2}(\mathbf{k}_2)\mathbf{M}_{m_3}(\mathbf{k}_3)\right] \\
& + \frac{\lambda}{24} \sum_{\substack{\mathbf{k}_1+\mathbf{k}_2 \\ +\mathbf{k}_3+\mathbf{k}_4=0}} \sum_{\substack{m_1,m_2 \\ m_3,m_4}} Q_{m_1}(\mathbf{k}_1)Q_{m_2}(\mathbf{k}_2)Q_{m_3}(\mathbf{k}_3)Q_{m_4}(\mathbf{k}_4) \times \\
& \times \mathrm{Sp}\left[\mathbf{M}_{m_1}(\mathbf{k}_1)\mathbf{M}_{m_2}(\mathbf{k}_2)\right]\mathrm{Sp}\left[\mathbf{M}_{m_3}(\mathbf{k}_3)\mathbf{M}_{m_4}(\mathbf{k}_4)\right].
\end{aligned} \tag{2.51}
$$

Für den Koeffizienten a wählen wir nach LANDAU [58] eine lineare Temperaturabhängigkeit,

$$a = a_0 \frac{T - T_0}{T_0}. \tag{2.52}$$

T_0 ist dabei die Temperatur, an der die isotrope Phase ihre Metastabilität verliert. Die übrigen Konstanten wählen wir unabhängig von der Temperatur.

Für $k \to \infty$ folgt aus Stabilitätsgründen

$$c_1 > 0 \quad (m = \pm 2), \qquad c_1 + \frac{2}{3}c_2 > 0 \quad (m = 0). \tag{2.53}$$

Wir wollen schließlich noch die freie Enthalpie auf dimensionslose Variablen transformieren. Dazu skalieren wir die Amplituden

$$Q_m = \mu_m s \qquad (2.54)$$

und die freie Enthalpie

$$F = \lambda s^4 f. \qquad (2.55)$$

Die Skalierung der freien Enthalpie eliminiert den Parameter λ. Wir werden später λ als einheitenlosen Parameter wieder einführen, um eine Kontrolle über die dann auftretenden höheren Ordnungen in λ zu erhalten.

Einen der Landau-Parameter können wir fest wählen:

$$\beta = \sqrt{6}s\lambda. \qquad (2.56)$$

Wir führen ferner die Kontrollparameter Temperatur t und Chiralität κ ein:

$$a = \frac{\lambda s^2}{2}t, \qquad d = \frac{c_1}{\xi_{\mathrm{R}}}\kappa \qquad (2.57)$$

und als Abkürzung die Größen

$$\rho = \frac{c_2}{c_1} \quad \text{und} \quad \xi_{\mathrm{R}} = \sqrt{\frac{2c_1}{\lambda s^2}}. \qquad (2.58)$$

Wir schreiben damit die freie Enthalpie als

$$f = \frac{1}{4}\sum_{\mathbf{k}}\sum_{m}\left\{ t - m\xi_{\mathrm{R}}\kappa k + \xi_{\mathrm{R}}^2\left[1 + \frac{1}{6}\rho\left(4 - m^2\right)\right]k^2\right\} \times$$

$$\times \mu_m(\mathbf{k})\mu_m(-\mathbf{k})$$

$$-\frac{1}{2}\sum_{\mathbf{k}_1+\mathbf{k}_2+\mathbf{k}_3=0}\sum_{\substack{m_1,m_2\\m_3}}\mu_{m_1}(\mathbf{k}_1)\mu_{m_2}(\mathbf{k}_2)\mu_{m_3}(\mathbf{k}_3) \times$$

$$\times \mathrm{Sp}\left[\mathbf{M}_{m_1}(\mathbf{k}_1)\mathbf{M}_{m_2}(\mathbf{k}_2)\mathbf{M}_{m_3}(\mathbf{k}_3)\right]$$

$$+\frac{1}{24}\sum_{\substack{\mathbf{k}_1+\mathbf{k}_2\\+\mathbf{k}_3+\mathbf{k}_4=0}}\sum_{\substack{m_1,m_2\\m_3,m_4}}\mu_{m_1}(\mathbf{k}_1)\mu_{m_2}(\mathbf{k}_2)\mu_{m_3}(\mathbf{k}_3)\mu_{m_4}(\mathbf{k}_4) \times$$

$$\times \mathrm{Sp}\left[\mathbf{M}_{m_1}(\mathbf{k}_1)\mathbf{M}_{m_2}(\mathbf{k}_2)\right]\mathrm{Sp}\left[\mathbf{M}_{m_3}(\mathbf{k}_3)\mathbf{M}_{m_4}(\mathbf{k}_4)\right]. \qquad (2.59)$$

An der Form des quadratischen Terms erkennen wir, daß ξ_R die Korrelationslänge bedeutet, mit der die Amplitude der quadrupolaren Ordnung abklingt[12]:

$$\langle Q_2(\mathbf{r}) Q_2(\mathbf{r}_0) \rangle \propto e^{-\xi_R^{-1}|\mathbf{r}-\mathbf{r}_0|}. \tag{2.60}$$

Abschließend skalieren wir den Betrag k des Wellenvektors:

$$\tilde{k} = \xi_R k \tag{2.61}$$

und erhalten

$$\begin{aligned}
f = \frac{1}{4} \sum_{\mathbf{k}} \sum_m & \left\{ t - m\kappa\tilde{k} + \left[1 + \frac{1}{6}\rho\left(4 - m^2\right) \right] \tilde{k}^2 \right\} \times \\
& \qquad\qquad\qquad \times \mu_m(\mathbf{k}) \mu_m(-\mathbf{k}) \\
- \frac{1}{2} \sum_{\substack{\mathbf{k}_1, \mathbf{k}_2 \\ \mathbf{k}_3}} \sum_{m_1+m_2+m_3=0} & \mu_{m_1}(\mathbf{k}_1) \mu_{m_2}(\mathbf{k}_2) \mu_{m_3}(\mathbf{k}_3) \times \\
& \times \mathrm{Sp}\left[\mathbf{M}_{m_1}(\mathbf{k}_1) \mathbf{M}_{m_2}(\mathbf{k}_2) \mathbf{M}_{m_3}(\mathbf{k}_3) \right] \\
+ \frac{1}{24} \sum_{\substack{\mathbf{k}_1+\mathbf{k}_2 \\ +\mathbf{k}_3+\mathbf{k}_4=0}} \sum_{\substack{m,m_2 \\ m_3,m_4}} & \mu_{m_1}(\mathbf{k}_1) \mu_{m_2}(\mathbf{k}_2) \mu_{m_3}(\mathbf{k}_3) \mu_{m_4}(\mathbf{k}_4) \times \\
& \times \mathrm{Sp}\left[\mathbf{M}_{m_1}(\mathbf{k}_1) \mathbf{M}_{m_2}(\mathbf{k}_2) \right] \mathrm{Sp}\left[\mathbf{M}_{m_3}(\mathbf{k}_3) \mathbf{M}_{m_4}(\mathbf{k}_4) \right]. \tag{2.62}
\end{aligned}$$

2.6 Minimierung der freien Enthalpie

In diesem Abschnitt wollen wir einige Techniken und Ergebnisse der Minimierung der freien Enthalpie für die Blauen Phasen vorstellen. Insbesondere werden wir zeigen, daß der Einfluß der $m = 0$-Mode quantitativ vernachlässigt werden kann.

Wir können den Betrag $k = |\mathbf{k}|$ des Wellenvektors aufteilen in einen Beitrag $q = (2\pi)/g$ mit der Gitterkonstanten g und einen Beitrag relativ zu q:

$$k = q\sqrt{\sigma} = q\sqrt{h^2 + k^2 + l^2}. \tag{2.63}$$

---

[12]ξ_R ist konstant. Wir werden in Unterabschnitt 5.3.5 noch einen nichtkonstanten Beitrag zur Korrelationslänge besprechen.

h, k und l sind die Millerindizes von $\mathbf{k}$. Um q zu bestimmen, minimieren wir die freie Enthalpie (2.62) nach q und erhalten

$$q_{\min} = \frac{d}{\sqrt{2}c_1} \frac{\sum_{\mathbf{k},m} m\sqrt{\sigma}\mu_m(\mathbf{k})\mu_m(-\mathbf{k})}{\sum_{\mathbf{k},m} \sqrt{2}\left[1 + \frac{1}{6}(4 - m^2)\rho\right]\sigma\mu_m(\mathbf{k})\mu_m(-\mathbf{k})}. \qquad (2.64)$$

Als Abkürzung führen wir die Größe

$$r = \frac{\sqrt{2}c_1 q_{\min}}{d} = \sqrt{2}\frac{q_{\min}}{q_C} \qquad (2.65)$$

ein.

Zur weiteren Minimierung der freien Enthalpie müssen wir symmetrieangepaßte Ordnungsparameter verwenden, wie wir sie in Abschnitt 2.4 beschrieben haben. Der Ordnungsparameter für die cholesterische Phase lautet

$$\mathbf{Q}^C(\mathbf{r}) = \mu_0(\mathbf{e}_z)\mathbf{M}_0(\mathbf{e}_z) + \mu_2(\mathbf{e}_z)\mathbf{M}_2(\mathbf{e}_z)e^{iq_C z} + \mu_2(\mathbf{e}_z)\mathbf{M}_2^*(\mathbf{e}_z)e^{-iq_C z}, \qquad (2.66)$$

wobei wir die Helixachse in z-Richtung gewählt haben. Er berücksichtigt den stark uniaxialen Charakter der cholesterischen Phase durch die $m = 0$-Mode und die periodische Struktur längs der Helixachse durch die $m = 2$-Mode. q_C bezeichnet die inverse cholesterische Ganghöhe. Setzt man den cholesterischen Ordnungsparameter in Gleichung (2.64) ein, so erhält man mit $\sigma_C = 1$

$$q_{\min}^C = \frac{d}{c_1} = q_C. \qquad (2.67)$$

Die Chiralität $\kappa = q_C\xi_R$ ist daher umgekehrt proportional zur Ganghöhe und definiert die „Stärke der Verdrillung" der Struktur.

In der freien Enthalpie (2.51) wollen wir nur die führenden vier Sterne unter Beachtung der Auswahlregeln (2.45) und (2.46) berücksichtigen. Diese sind

- für die O^2-Struktur (Blaue Phase II) der (100)- und der (110)-Stern; die (200)- und (211)-Sterne sind verboten;

- für die O^5-Struktur, das ist die nur in der Theorie auftretende Struktur, der (110)-, (211)- und (220)-Stern; der (200)-Stern ist verboten;

- für die O^8-Struktur (Blaue Phase I) der (110)-, (200)-, (211)- und (220)-Stern.

Eine Vernachlässigung höherer Sterne wird durch die Tatsache gerechtfertigt, daß die Amplituden des vierten Sterns schon nur noch einige Prozent der Amplitude des jeweiligen ersten Sterns betragen (vergleiche Abbildung 5.18).

Trotz dieser Einschränkung verblieben nach Berücksichtigung der Auswahlregeln (2.45) und (2.46) noch immer über ein Dutzend Amplituden zur Minimierung (für O^8). Man ist deshalb gezwungen, die Zahl der erlaubten Moden noch weiter zu reduzieren. Wir vereinbaren zunächst, nur die Moden $m = 0, 1, 2$ zu betrachten. Dies wird dadurch gerechtfertig, daß durch die Wahl des Vorzeichens der Chiralität eine Vorselektion stattfindet, die sich in einer Anhebung des quadratischen Beitrags zur freien Enthalpie für negative m niederschlägt.

Wie GREBEL und Mitarbeiter zeigen, besitzt der quadratische Beitrag zur freien Enthalpie ein Minimum für $m = 2$ (oder $m = -2$) [21]. Wir nennen den Grenzfall, in dem wir für die Blauen Phasen alle anderen Moden bis auf die $m = 2$-Mode ausschließen, den Grenzfall hoher Chiralität. Denn für hohe Chiralitäten überwiegt der elastische Anteil der freien Enthalpie; der Ordnungsparameter wird dann durch eine Überlagerung von biaxialen Helizes beschrieben, was einer Wahl der $m = 2$-Tensoren entspricht.

Um die letztgenannte Näherung zu rechtfertigen, betrachten wir eine freie Enthalpie, in der von allen Sternen die $m = 2$-Mode, vom ersten Stern aber zusätzlich die $m = 0$-Mode berücksichtigt wird. Die $m = 1$-Mode ist für den ersten Stern ((100) bzw. (110)) verboten. Die freien Enthalpien für die kubischen Strukturen sowie für die cholesterische Phase sind in Box 2 angegeben.

Box 2: Freie Enthalpien

Wir erhalten für die O^2-Struktur (wobei wir die Notation $\mu_0 := \mu_0(100)$, $\mu_1 := \mu_2(100)$, $\mu_2 := \mu_2(110)$ verwenden):

Box 2 (Fortsetzung): Freie Enthalpien

$$f_{O^2} = \frac{3}{2}\left[t + \kappa^2\left(1 + \frac{2}{3}\rho\right)r_{O^2}^2\right]\mu_0^2$$

$$+ \frac{3}{2}\left[t - \kappa^2 + \kappa^2\left(r_{O^2} - 1\right)^2\right]\mu_1^2$$

$$+ 3\left[t - \kappa^2 + \kappa^2\left(\sqrt{2}r_{O^2} - 1\right)^2\right]\mu_2^2$$

$$+ \frac{69}{8}\mu_2^3 + 9\mu_0^2\mu_2 - \left(\frac{27}{4} + \frac{9}{2}\sqrt{2}\right)\mu_2\mu_1^2$$

$$+ \frac{7}{4}\mu_0^2\mu_1^2 + \left(\frac{139}{16} - \frac{3}{4}\sqrt{2}\right)\mu_1^2\mu_2^2$$

$$+ \frac{13}{8}\mu_1^4 + \frac{499}{64}\mu_2^4 + \frac{9}{4}\mu_0^4 + \frac{417}{32}\mu_0^2\mu_2^2 \quad (2.68)$$

mit

$$r_{O^2} = \frac{\mu_1^2 + 2\sqrt{2}\mu_2^2}{\mu_1^2 + 4\mu_2^2 + (1 + \frac{2}{3}\rho)\mu_0^2}; \quad (2.69)$$

für O^5 ergibt sich ($\mu_0 := \mu_0(110)$, $\mu_2 := \mu_2(110)$, $\mu_6 := \mu_2(211)$, $\mu_8 := \mu_2(220)$):

$$f_{O^5} = 3\left[t + 2\kappa^2\left(1 + \frac{2}{3}\rho\right)r_{O^5}^2\right]\mu_0^2$$

$$+ 3\left[t - \kappa^2 + \kappa^2\left(\sqrt{2}r_{O^5} - 1\right)^2\right]\mu_2^2$$

$$+ 6\left[t - \kappa^2 + \kappa^2\left(\sqrt{6}r_{O^5} - 1\right)^2\right]\mu_6^2$$

$$+ 3\left[t - \kappa^2 + \kappa^2\left(2\sqrt{2}r_{O^5} - 1\right)^2\right]\mu_8^2$$

$$+ \frac{81}{8}\mu_6^3 + \frac{63}{4}\mu_0^2\mu_6 - \frac{69}{8}\mu_2^3 + \left(\frac{3\sqrt{2}}{4} + \frac{5}{8}\sqrt{6}\right)\mu_0\mu_2\mu_6$$

Box 2 (Fortsetzung): Freie Enthalpien

$$+ \left(\frac{63}{8} + \frac{9}{2}\sqrt{3}\right)\mu_2^2\mu_6 + \left(8 + 4\sqrt{3}\right)\mu_6^2\mu_8$$

$$+ 3\sqrt{6}\mu_0\mu_2\mu_8 + \frac{7}{8}\sqrt{6}\mu_0\mu_2^2 + \frac{3}{4}\mu_0^2\mu_2$$

$$- \left(\sqrt{6} + 3\sqrt{2}\right)\mu_0\mu_6\mu_8 - \left(21 + \frac{21}{2}\sqrt{3}\right)\mu_2\mu_6\mu_8$$

$$+ \left(\frac{101}{8} + \frac{17}{2}\sqrt{3}\right)\mu_2\mu_6^2 + \frac{71}{24}\sqrt{6}\mu_0\mu_6^2$$

$$- \frac{253}{32}\mu_8^3 + \frac{11}{4}\sqrt{6}\mu_0^3 - \frac{23}{32}\mu_8^3$$

$$+ \left(\frac{71}{54}\sqrt{3} + \frac{359}{72}\right)\mu_2\mu_6^3 + \left(\frac{17}{6}\sqrt{3} - \frac{59}{9}\right)\mu_2\mu_6^2\mu_8$$

$$+ \left(\frac{31}{32} - \frac{\sqrt{3}}{6}\right)\mu_0^2\mu_6\mu_8 - \frac{1}{8}\sqrt{6}\mu_0^3\mu_8 + \frac{499}{64}\mu_8^4$$

$$+ \left(\frac{17}{24}\sqrt{2} + 5\sqrt{6}\right)\mu_0\mu_2\mu_6^2 - \frac{21}{32}\sqrt{6}\mu_0\mu_2\mu_8^2$$

$$+ \left(\frac{953}{32} - \frac{35}{36}\sqrt{3}\right)\mu_6^2\mu_8^2 - \left(\frac{23}{12}\sqrt{3} + \frac{163}{48}\right)\mu_2^3\mu_6$$

$$+ \left(\frac{9}{8}\sqrt{2} - \frac{\sqrt{6}}{48}\right)\mu_0\mu_2^2\mu_6 + \frac{189}{32}\mu_0^2\mu_2^2$$

$$+ \left(\frac{13}{6}\sqrt{3} + \frac{7}{2}\right)\mu_2\mu_6\mu_8^2 + \frac{555}{32}\mu_2^2\mu_8^2 - \frac{63}{16}\mu_2^3\mu_8$$

$$+ \frac{123}{16}\mu_0^4 - \left(\frac{52}{27}\sqrt{3} + \frac{109}{27}\right)\mu_6^3\mu_8 + \frac{1}{8}\mu_0^2\mu_2\mu_8$$

$$+ \left(\frac{83}{24} + \frac{7}{12}\sqrt{3}\right)\mu_0^2\mu_2\mu_6 + \frac{44663}{1296}\mu_6^4$$

$$+ \left(\frac{2585}{72} - \frac{19}{36}\sqrt{3}\right)\mu_2^2\mu_6^2 - \frac{29}{64}\sqrt{6}\mu_0\mu_2^3$$

Box 2 (Fortsetzung): Freie Enthalpien

$$+ \left(\frac{89}{48} \sqrt{6} - \frac{13}{8} \sqrt{2} \right) \mu_0 \mu_2 \mu_6 \mu_8 + \frac{499}{64} \mu_2^4$$

$$+ \frac{79}{24} \sqrt{6} \mu_0^3 \mu_6 + \frac{13}{32} \sqrt{6} \mu_0^3 \mu_2 + \frac{827}{64} \mu_0^2 \mu_8^2$$

$$+ \left(\frac{\sqrt{2}}{2} - \frac{13}{3} \sqrt{6} \right) \mu_0 \mu_6 \mu_8^2 + \frac{665}{216} \sqrt{6} \mu_0 \mu_6^3$$

$$+ \left(\frac{3}{2} \sqrt{3} + \frac{23}{48} \right) \mu_2^2 \mu_6 \mu_8 + \frac{\sqrt{6}}{16} \mu_0 \mu_2^2 \mu_8$$

$$+ \left(\frac{7}{3} \sqrt{2} + \frac{5}{3} \sqrt{6} \right) \mu_0 \mu_6^2 \mu_8 + \frac{26029}{576} \mu_0^2 \mu_6^2 \quad (2.70)$$

mit

$$r_{O^5} = \frac{\sqrt{2} \mu_2^2 + 2\sqrt{6} \mu_6^2 + 2\sqrt{2} \mu_8^2}{2\mu_1^2 + 12\mu_6^2 + 8\mu_8^2 + 2(1 + \frac{2}{3}\rho)\mu_0^2}; \quad (2.71)$$

für O^8 ergibt sich ($\mu_0 := \mu_0(110)$, $\mu_2 := \mu_2(110)$, $\mu_4 := \mu_4(200)$, $\mu_6 := \mu_2(211)$, $\mu_8 := \mu_2(220)$):

$$f_{O^8} = 3 \left[t + 2\kappa^2 \left(1 + \frac{2}{3}\rho \right) r_{O^8}^2 \right] \mu_0^2$$

$$+ 3 \left[t - \kappa^2 + \kappa^2 \left(\sqrt{2} r_{O^8} - 1 \right)^2 \right] \mu_2^2$$

$$+ \frac{3}{2} \left[t - \kappa^2 + \kappa^2 \left(2 r_{O^8} - 1 \right)^2 \right] \mu_4^2$$

$$+ 6 \left[t - \kappa^2 + \kappa^2 \left(\sqrt{6} r_{O^5} - 1 \right)^2 \right] \mu_6^2$$

$$+ 3 \left[t - \kappa^2 + \kappa^2 \left(2\sqrt{2} r_{O^5} - 1 \right)^2 \right] \mu_8^2$$

Box 2 (Fortsetzung): Freie Enthalpien

$$- \left(4\sqrt{3} + 8\right)\mu_6^2\mu_8 + \left(2\sqrt{6} - \frac{9}{4}\sqrt{2}\right)\mu_2\mu_6^2$$

$$+ \frac{11}{4}\sqrt{6}\mu_0^3 - \left(\frac{9}{2}\sqrt{3} + \frac{63}{8}\right)\mu_2^2\mu_6$$

$$+ \left(\frac{9}{2}\sqrt{2} + \frac{27}{4}\right)\mu_4^2\mu_8 - \left(\frac{9}{2}\sqrt{2} + \frac{27}{4}\right)\mu_2^2\mu_4$$

$$- \frac{15}{4}\sqrt{2}\mu_2^3 + \left(\frac{27}{2} + 5\sqrt{6}\right)\mu_4\mu_6^2$$

$$+ \left(12\sqrt{2} + 6\sqrt{6}\right)\mu_2\mu_6\mu_8 - \frac{69}{8}\mu_8^3 - \frac{81}{8}\mu_6^3$$

$$+ \left(3\sqrt{3} + 3\sqrt{6} + 3\sqrt{2} + 9\right)\mu_2\mu_4\mu_6$$

$$+ \left(\frac{139}{16} - \frac{3}{4}\sqrt{2}\right)\mu_4^2\mu_8^2 + \frac{4309}{144}\mu_0^2\mu_6^2 - \frac{134}{27}\sqrt{3}\mu_6^3\mu_8$$

$$+ \frac{40837}{1296}\mu_6^4 + \frac{827}{64}\mu_0^2\mu_8^2 + \frac{499}{64}\mu_8^4 - \frac{47}{12}\sqrt{3}\mu_2^2\mu_6^2$$

$$+ \left(\frac{13}{6}\sqrt{3} + \frac{81}{16}\right)\mu_2^2\mu_6\mu_8 + \frac{617}{18}\mu_2^2\mu_6^2$$

$$+ \frac{221}{32}\mu_0^2\mu_4^2 - \left(\frac{25}{24}\sqrt{2} + \frac{7}{12}\sqrt{6}\right)\mu_2^3\mu_6 + 6\mu_0^2\mu_2^2$$

$$+ \left(\frac{20}{9}\sqrt{6} + \frac{29}{4} + \frac{29}{9}\sqrt{3} + \frac{44}{9}\sqrt{2}\right)\mu_4\mu_6^2\mu_8$$

$$- \left(\frac{125}{54}\sqrt{6} + \frac{55}{9}\right)\mu_4\mu_6^3 - \frac{9}{4}\sqrt{2}\mu_2^3\mu_8 + \frac{521}{32}\mu_2^2\mu_8^2$$

$$- \left(\frac{19}{3}\sqrt{2} + \frac{7}{3}\sqrt{6}\right)\mu_2\mu_6\mu_8^2 + \frac{123}{16}\mu_0^4 - \frac{287}{36}\mu_6^3\mu_8$$

$$- \left(\frac{53}{36}\sqrt{6} + \frac{55}{6}\sqrt{2}\right)\mu_2\mu_6^2\mu_8 + \frac{449}{64}\mu_2^4 - \frac{\sqrt{6}}{8}\mu_0^3\mu_8$$

Box 2 (Fortsetzung): Freie Enthalpien

$$+ \left(\frac{22}{9} \sqrt{6} + \frac{29}{12} \sqrt{2} \right) \mu_2 \mu_6^3 + \frac{41}{48} \sqrt{2} \mu_0^2 \mu_2 \mu_6$$

$$+ \left(\frac{4}{3} \sqrt{3} + \frac{2}{3} \sqrt{6} + 2 + \sqrt{2} \right) \mu_2 \mu_4^2 \mu_6$$

$$- \left(\frac{5}{2} \sqrt{2} + \frac{15}{4} \right) \mu_2^2 \mu_4 \mu_8 + \left(\frac{3}{2} \sqrt{2} + \frac{17}{8} \right) \mu_2^3 \mu_4$$

$$+ \left(\frac{5}{6} \sqrt{3} - \frac{3}{4} \sqrt{6} - 2 + \frac{13}{12} \sqrt{2} \right) \mu_2^2 \mu_4 \mu_6$$

$$+ \left(4\sqrt{3} - \frac{13}{6} + \frac{21}{4} \sqrt{2} + \frac{13}{12} \sqrt{6} \right) \mu_2 \mu_4 \mu_6 \mu_8$$

$$- \left(\frac{11}{12} \sqrt{2} + \frac{89}{36} \sqrt{6} + \frac{55}{9} \sqrt{3} + \frac{31}{72} \right) \mu_2 \mu_4 \mu_6^2$$

$$+ \left(\frac{161}{36} \sqrt{3} + \frac{1393}{32} \right) \mu_6^2 \mu_8^2 + \frac{13}{8} \mu_4^4$$

$$+ \left(\frac{\sqrt{6}}{2} + \frac{443}{24} \right) \mu_4^2 \mu_6^2 + \left(\frac{3}{4} \sqrt{2} + \frac{151}{16} \right) \mu_2^2 \mu_4^2 \quad (2.72)$$

mit

$$r_{O^8} = \frac{\sqrt{2} \mu_2^2 + \mu_4^2 + 2\sqrt{6} \mu_6^2 + 2\sqrt{2} \mu_8^2}{2\mu_1^2 + 2\mu_4^2 12\mu_6^2 + 8\mu_8^2 + 2(1 + \frac{2}{3}\rho)\mu_0^2}; \quad (2.73)$$

für die cholesterische Phase schließlich erhält man ($\mu_0 := \mu_0(000)$, $\mu_1 := \mu_2(100)$):

$$f_{\mathrm{C}} = \frac{1}{4} t \mu_0^2 + \frac{1}{2}(t - \kappa^2)\mu_1^2 + \frac{\sqrt{6}}{12} \mu_0^3 - \frac{\sqrt{6}}{2} \mu_0 \mu_1^2 +$$
$$\frac{1}{24} \mu_0^4 + \frac{1}{6} \mu_0^2 \mu_1^2 + \frac{1}{6} \mu_1^4. \quad (2.74)$$

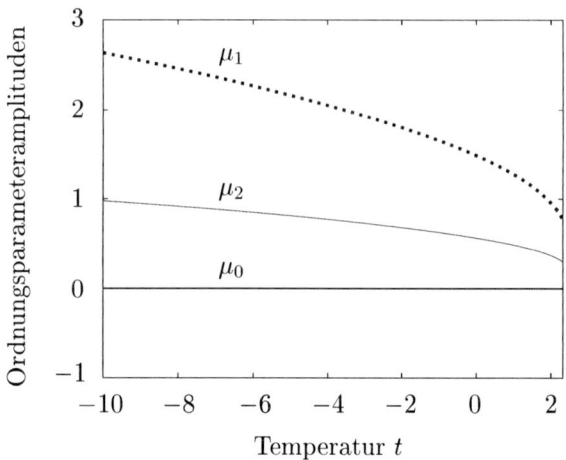

Abbildung 2.1: Ordnungsparameter in der O^2-Struktur für $\kappa = 1.2$ und $\rho = 1$.

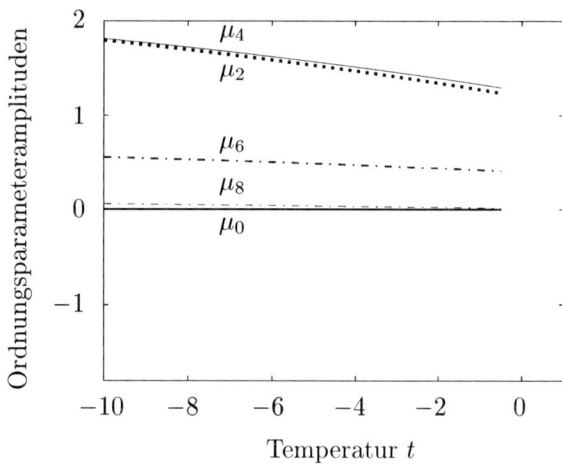

Abbildung 2.2: Ordnungsparameter in der O^8-Struktur für $\kappa = 2.2$ und $\rho = 1$.

Als wichtiges Ergebnis der Minimierung der freien Enthalpien erhalten wir, daß die $m = 0$-Moden in der O^2- und O^8-Struktur im Bereich ihrer Stabilität verschwinden, wie in den Abbildungen 2.1 und 2.2 veranschaulicht ist. In der O^5-Struktur dagegen nimmt der Ordnungsparameter μ_0 einen endlichen Wert an.

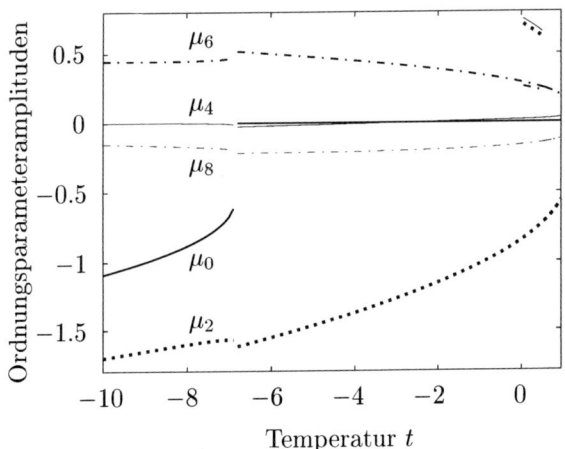

Abbildung 2.3: Ordnungsparameter in der O^8-Struktur für $\kappa = 0.2$ und $\rho = 1$. Bei $t \approx -7$ kann man einen Phasenübergang von einer Phase mit $\mu_0 \neq 0$ zu einer Phase mit $\mu_0 = 0$ beobachten. O^8 ist dort aber nicht stabil.

Wir können das Verhalten des $m = 0$-Ordnungsparameters aus der Form der freien Enthalpien verstehen. Wenden wir uns zunächst der O^2-Struktur zu. Die freie Enthalpie (2.68) enthält nur quadratische Terme in μ_0. Die Koeffizienten dieser Terme sind eindeutig positiv bis auf den ersten, temperaturabhängigen Term und den Term $9\mu_0^2\mu_2$. Das Vorzeichen des kubischen Terms wurde derart gewählt, daß $\mu_2 > 0$. Für nicht zu tiefe Temperaturen ist die von μ_0 abhängige freie Enthalpie also positiv definit. Für tiefe Temperaturen sind die Ordnungsparameter aber so groß, daß der quadratische Term vernachlässigbar wird. Ein Wert $\mu_0 \neq 0$ könnte daher die freie Enthalpie nur anheben. Dem globalen Minimum entspricht also $\mu_0 = 0$.

Für die O^8-Struktur läßt sich nicht so einfach argumentieren. Man erkennt aber, daß keine linearen Terme in μ_0 in der freien Enthalpie (2.72) auftreten. Damit ist ein Minimum $\partial f_{O^8}/\partial\mu_0 = 0$ mit $\mu_0 = 0$ möglich. Dominante Terme proportional zu μ_0^2 und μ_0^4 garantieren aber auch hier für nicht zu tiefe Temperaturen ein Verschwinden von μ_0. Wir sehen aber in Abbildung 2.3, daß für kleine Chiralitäten und tiefe Temperaturen eine O^8-Struktur mit nichtverschwindendem μ_0 auftritt[13]. Dies ist leicht verständlich. Denn für $\kappa \to 0$ muß der Einfluß des uniaxialen Anteils am Ordnungsparameter zunehmen, bis der biaxiale Beitrag bei $\kappa = 0$ schließlich verschwindet. Das Diagramm 2.3 bedarf noch eines kleinen Kommentars: Für $t > 0$ sind zwei Kurven für die Ordnungsparameteramplituden angegeben. Dies ist eine Folge des verwendeten Minimierungsverfahrens. Da eine genaue Minimierung über dem Raum der fünf Amplituden sehr zeitaufwendig ist, minimiert man für eine Anfangstemperatur genau und folgt dann mit steigender Temperatur dem lokalen Minimum. Hat man einen Phasenübergang gefunden, beginnt man bei einer etwas kleineren als der gefundenen Temperatur noch einmal und minimiert erneut genau. Als Minimierungsroutinen wurde eine Kombination aus einer Simplexminimierung und einer Gradientenmethode verwendet [59].

Die O^5-Struktur dagegen besitzt lineare Terme in μ_0, die dazu führen, daß $\partial f_{O^8}/\partial\mu_0 = 0$ mit $\mu_0 = 0$ im allgemeinen nicht mehr möglich ist. Dadurch wird die freie Enthalpie für O^5 unter Einbeziehung der $m = 0$-Mode abgesenkt. Dieser Effekt ist allerdings so gering, daß sich das errechnete Phasendiagramm fast nicht vom in Abbildung 1.19 gezeigten, unter Vernachlässigung der $m = 0$-Mode berechneten, unterscheidet. Wir haben damit also die von GREBEL und Mitarbeitern benutzte Näherung hoher Chiralität gerechtfertigt.

Wir werden nun die Blauen Phasen für eine gewisse Zeit verlassen und uns mit der statistischen Feldtheorie beschäftigen.

---

[13]O^8 ist dort nicht stabil.

Kapitel 3

Elemente der statistischen Feldtheorie

In diesem Kapitel werden wir eine kurze Einführung in die Grundlagen und Begrifflichkeit der Feldtheorie geben. Wir werden eine Darstellung des erzeugenden Funktionals der N-Teilchen-Korrelationsfunktionen, der Zustandssumme, angeben, die uns auf das Wicksche Theorem führen wird. Dieses wird uns in Abschnitt 5.1 erlauben, höhere Korrelationsfunktionen aus der Zweiteilchenkorrelationsfunktion zu berechnen. Zur Veranschaulichung führen wir Feynmandiagramme ein. Davon ausgehend werden wir weitere erzeugende Funktionale finden: die freie Energie und schließlich die freie Enthalpie. Letztere wird sich als die geeignete Funktion zur Berechnung von stabilen geordneten Phasen herausstellen. Die Dyson-Gleichung, die wir in diesem Zusammenhang finden, wird eine zentrale Rolle im nächsten Kapitel spielen. Die Darstellung folgt in wesentlichen Punkten dem hervorragenden Buch von AMIT [60].

3.1 Die Zustandssumme als erzeugendes Funktional

In Abschnitt 2.1 haben wir den Ordnungsparameter als das Mittel der Molekülorientierungen über einen mesoskopischen Bereich definiert. Dieser Bereich erfaßt typischerweise einige tausend Moleküle und ist klein gegenüber der Korrelationslänge der zu beschreibenden Ordnung.

Zunächst sind wir davon ausgegangen, daß das Ordnungsparameterfeld „starr" ist, das System sich also immer im Grundzustand befindet. Das ist weit entfernt vom Phasenübergang sicher eine gute Näherung. Nahe dem Phasenübergang dagegen fluktuiert das Ordnungsparameterfeld stark. Dies führt zum Auftreten von Vorübergangseffekten [37, 38, 39] (vergleiche Unterabschnitt 1.3.4), zur Ausbildung einer zweiten isotropen Phase, der Blauen Phase III, und, wie wir noch sehen werden, zu Änderungen in der relativen Stabilität der einzelnen Phasen.

Wir definieren daher ein statistisches Gewicht der räumlichen Verteilung des Ordnungsparameterfeldes, die mesoskopische Hamiltonfunktion $\mathcal{H}$. Ersetzt man dort den Ordnungsparameter durch seinen Gleichgewichtswert, so erhält man die freie Enthalpie im Mean-Field-Fall. Die Hamiltonfunktion hat damit für die Blauen Phasen die in Gleichung (2.48) bzw. (2.62) angegebene Form.

Für das Folgende sei $\mathcal{H}[\phi]$ eine (nahezu) beliebige Hamiltonfunktion und $\phi(\mathbf{x})$ ein beliebiges Ordnungsparameterfeld der Dimension d. Wir gehen allerdings davon aus, daß $\mathcal{H}[\phi]$ einen quadratischen Term $\mathcal{H}_0[\phi]$ besitzt:

$$\mathcal{H}_0[\phi] = \frac{1}{2} \int d\mathbf{x} \int d\mathbf{y} \, \phi(\mathbf{y}) \left(\mu^2 + D(\boldsymbol{\nabla}_\mathbf{x}) \right) \phi(\mathbf{x}). \qquad (3.1)$$

$D(\boldsymbol{\nabla})$ bezeichnet eine nicht näher spezifizierte Funktion des Differentialoperators. Die zu $\mathcal{H}$ gehörige Wahrscheinlichkeitsverteilung ist definiert als[1]

$$W[\phi] = \exp\left(-\beta \mathcal{H}[\phi]\right), \qquad (3.2)$$

wobei $\beta^{-1} = k_\mathrm{B} T$ das thermische Energiemaß mit der Boltzmannkonstante k_B ist.

Um später die Berechnung von Korrelationsfunktionen zu vereinfachen, führen wir zusätzlich eine Quelle $\mathbf{J}(\mathbf{x})$ ein, die linear an den Ordnungsparameter koppelt:

$$W[\phi, \mathbf{J}] = \exp\left(-\beta \mathcal{H}[\phi] + \int d\mathbf{x} \, \mathbf{J}(\mathbf{x}) \phi(\mathbf{x})\right). \qquad (3.3)$$

---

[1] Für eine echte Wahrscheinlichkeitsverteilung muß W normiert werden. Der Normierungsfaktor ist gerade die Zustandssumme.

Dann nämlich gilt

$$\phi(\mathbf{x}) W[\phi, \mathbf{J}] = \frac{\delta W}{\delta \mathbf{J}(\mathbf{x})}. \tag{3.4}$$

Hier tritt zum ersten Mal die Funktionalableitung auf, die notwendig wird, wenn nach einem Feld abgeleitet werden soll. Die Begriffe der Pfadintegration und der Funktionalableitung werden in Box 3 kurz erläutert.

Box 3: Pfadintegration und Funktionalableitung

Die Pfadintegration über ein d-dimensionales Feld $\phi(\mathbf{x})$,

$$\int D\phi \equiv \int \prod_{i=1}^{d} D\phi_i, \tag{3.5}$$

summiert über alle möglichen Realisierungen von $\phi(\mathbf{x})$. Dazu denkt man sich das Systemvolumen in kleine Würfel am Ort $\mathbf{l}$ diskretisiert und erhält

$$\int D\phi \equiv \int_{-\infty}^{\infty} \prod_{\mathbf{l}} d\phi(\mathbf{l}). \tag{3.6}$$

Die Funktionalableitung kann definiert werden als

$$\frac{\delta F[f]}{\delta f(x)}\bigg|_{x=x'} = \lim_{\epsilon \to 0} \frac{F[f + \epsilon\delta(x - x')] - F[f]}{\epsilon} \tag{3.7}$$

und verallgemeinert in natürlicher Weise die bekannte Ableitung auf Funktionale. Insbesondere gilt

$$\frac{\delta f(x)}{\delta f(x')} = \delta(x - x'). \tag{3.8}$$

Das Integral über die Wahrscheinlichkeitsverteilung heißt Zustandssumme:

$$Z[\mathbf{J}] = \int \mathrm{D}\phi \exp\left(-\beta\mathcal{H}[\phi] + \int \mathrm{d}\mathbf{x}\, \mathbf{J}(\mathbf{x})\phi(\mathbf{x})\right). \qquad (3.9)$$

Für den Erwartungswert von $\phi(\mathbf{y})$ gilt

$$\langle\phi(\mathbf{y})\rangle = Z^{-1} \int \mathrm{D}\phi\, \phi(\mathbf{y})W[\phi,\mathbf{J}]\Big|_{\mathbf{J}=0} = Z^{-1}\frac{\delta Z[\mathbf{J}]}{\delta \mathbf{J}(\mathbf{y})}\Big|_{\mathbf{J}=0} \qquad (3.10)$$

und entsprechend für die höheren Korrelationsfunktionen. Hierbei ist zu beachten, daß die vorher eingeführte Quelle $\mathbf{J}(\mathbf{x})$ nach der Ableitung wieder gleich Null gesetzt wird.

Die Zustandssumme ist also das erzeugende Funktional für die N-Teilchen-Korrelationsfunktionen:

$$G^{(N)}_{i_1\ldots i_N}(\mathbf{x}_1,\ldots,\mathbf{x}_N) = \langle\phi_{i_1}(\mathbf{x}_1)\cdots\phi_{i_N}(\mathbf{x}_N)\rangle$$

$$= Z^{-1}\frac{\delta^N Z[\mathbf{J}]}{\delta J_{i_1}(\mathbf{x}_1)\cdots\delta J_{i_N}(\mathbf{x}_N)}\Big|_{\mathbf{J}=0}. \qquad (3.11)$$

Die Zustandssumme (3.9) und damit auch die Korrelationsfunktionen können nur dann exakt berechnet werden, wenn die Hamiltonfunktion $\mathcal{H}[\phi]$ quadratisch in der Integrationsvariablen ϕ ist. Da dies im allgemeinen nicht der Fall ist, zerlegen wir die Hamiltonfunktion in ihren quadratischen Anteil $\mathcal{H}_0[\phi]$ mit der Wahrscheinlichkeitsverteilung

$$W_0[\phi,\mathbf{J}] = \exp\left(-\beta\mathcal{H}_0[\phi] + \int \mathrm{d}\mathbf{x}\, \mathbf{J}(\mathbf{x})\phi(\mathbf{x})\right) \qquad (3.12)$$

und eine Störung $\mathcal{H}_\mathrm{I}[\phi]$. Die Zustandssumme lautet dann

$$Z[\mathbf{J}] = \int \mathrm{D}\phi \exp\left(-\beta\mathcal{H}_\mathrm{I}[\phi]\right)\exp\left(-\beta\mathcal{H}_0[\phi] + \int \mathrm{d}\mathbf{x}\, \mathbf{J}(\mathbf{x})\phi(\mathbf{x})\right).$$
$$(3.13)$$

Dabei nehmen wir an, daß $\mathcal{H}_\mathrm{I}[\phi]$ klein gegenüber $\mathcal{H}_0[\phi]$ ist, was fern vom Phasenübergang gut erfüllt ist.

Der Exponentialfaktor des Störterms macht bei der Auswertung des Pfadintegrals Schwierigkeiten, weil er in komplexer Weise von der Integrationsvariablen abhängt. Mit einem kleinen Trick kann man ihn in einen Ableitungsoperator umwandeln. Dazu entwickeln wir den Exponentialterm in eine Taylorreihe,

$$Z[\mathbf{J}] = \int D\phi \sum_n \left(\frac{1}{n!} (-\beta \mathcal{H}_I[\phi])^n \right) W_0[\phi, \mathbf{J}], \qquad (3.14)$$

und die Störhamiltonfunktion formal nach Potenzen von ϕ. Unter Beachtung der Identität

$$\int D\phi \, \phi(\mathbf{y}) W_0[\phi, \mathbf{J}] = \frac{\delta}{\delta \mathbf{J}(\mathbf{y})} W_0[\phi, \mathbf{J}] \qquad (3.15)$$

erhalten wir die Beziehung

$$\int D\phi \, \mathcal{H}_I[\phi(\mathbf{y})] W_0[\phi, \mathbf{J}] = \mathcal{H}_I \left[\frac{\delta}{\delta \mathbf{J}(\mathbf{y})} \right] \int D\phi \, W_0[\phi, \mathbf{J}]. \qquad (3.16)$$

Mit ihr geht Gleichung (3.14) schließlich über in

$$Z[\mathbf{J}] = \exp\left(-\beta \mathcal{H}_I \left[\frac{\delta}{\delta \mathbf{J}(\mathbf{y})} \right] \right) \int D\phi \, W_0[\phi, \mathbf{J}]. \qquad (3.17)$$

Der Exponentialfaktor der Störung ist damit tatsächlich in einen Differentialoperator umgewandelt worden, der nicht mehr von der Integrationsvariablen abhängt. Das verbleibende Pfadintegral ist Gaußsch.

Zur Lösung des Gaußschen Pfadintegrals schreiben wir $\mathcal{H}_0[\phi]$ als (vergleiche Gleichung (3.1))

$$\mathcal{H}_0[\phi] = \frac{1}{2} \int d\mathbf{x} \int d\mathbf{x}' \phi(\mathbf{x}) \mathbf{G}_0^{-1}(|\mathbf{x} - \mathbf{x}'|) \phi(\mathbf{x}'). \qquad (3.18)$$

$\mathbf{G}_0(|\mathbf{x} - \mathbf{x}'|)$ heißt *freier Propagator*. Aufgrund der Translationsinvarianz hängt dieser nur vom Abstand zweier Orte ab. Daraus folgt, daß der freie Propagator symmetrisch sein muß. Der freie Propagator ist proportional zur Zweiteilchenkorrelationsfunktion in Gaußscher Näherung. Der Beweis hierfür ist in Box 4 geführt. In Gleichung (3.1) ist die komplizierte Abhängigkeit der Gaußschen Hamiltonfunktion vom Differentialoperator nur angedeutet. Zur Vereinfachung der weiteren Rechnung gehen wir in den reziproken Raum über. Dann nämlich können wir den freien Propagator algebraisch invertieren, denn die Differentialoperatoren gehen in Produkte mit dem Wellenvektor über. Die Gaußsche Hamiltonfunktion $\mathcal{H}_0[\phi]$ lautet nun

$$\mathcal{H}_0[\phi] = \frac{1}{2} \sum_{\mathbf{k}} \phi(\mathbf{k}) \mathbf{G}_0^{-1}(\mathbf{k}) \phi(-\mathbf{k}). \tag{3.19}$$

Der freie Propagator hat in der vorliegenden Arbeit typischerweise die Form (vergleiche etwa Abschnitt 4.2)

$$[G_0(\mathbf{k})]_{ij} = \frac{1}{\mu^2 + (|\mathbf{k}| - k_0)^2} \delta_{ij}. \tag{3.20}$$

Fouriertransformation von Gleichung (3.17) ergibt:

$$Z[\mathbf{J}] = \exp\left(-\beta\mathcal{H}_{\mathrm{I}}\left[\frac{\delta}{\delta\mathbf{J}(-\mathbf{k})}\right]\right) \times$$

$$\times \int \mathrm{D}\phi \exp\left(\sum_{\mathbf{k}}\left(-\frac{\beta}{2}\phi(\mathbf{k})\mathbf{G}_0^{-1}(\mathbf{k})\phi(-\mathbf{k}) + \phi(\mathbf{k})\mathbf{J}(-\mathbf{k})\right)\right). \tag{3.21}$$

Um den $\mathbf{J}$-abhängigen Beitrag abzuspalten, führen wir eine Transformation des Ordnungsparameterfeldes durch:

$$\phi(\mathbf{k}) = \phi'(\mathbf{k}) - \beta^{-1}\mathbf{G}_0(\mathbf{k})\mathbf{J}(\mathbf{k}). \tag{3.22}$$

Den zweiten Term können wir als die Wirkung des Feldes $\mathbf{J}$ auf ϕ in einer freien Theorie, das heißt $\mathcal{H}_{\mathrm{I}}[\phi] = 0$ verstehen. Diese wird wegen

$$\beta^{-1}\mathbf{G}_0(\mathbf{k}, -\mathbf{k}) = \frac{\delta^2 Z_0[\mathbf{J}]}{\delta\mathbf{J}(\mathbf{k})\delta\mathbf{J}(-\mathbf{k})} = \frac{\delta\langle\phi(\mathbf{k})\rangle}{\delta\mathbf{J}(-\mathbf{k})} \tag{3.23}$$

durch genau den freien Propagator vermittelt. Mit dieser Transformation erhalten wir

$$Z[\mathbf{J}] = \exp\left(-\beta\mathcal{H}_{\mathrm{I}}\left[\frac{\delta}{\delta\mathbf{J}(-\mathbf{k})}\right]\right)\exp\left(\frac{1}{2\beta}\sum_{\mathbf{k}}\mathbf{J}(\mathbf{k})\mathbf{G}_0(\mathbf{k})\mathbf{J}(-\mathbf{k})\right) \times$$

$$\times \int \mathrm{D}\phi' \exp\left(-\frac{\beta}{2}\sum_{\mathbf{k}}\phi'(\mathbf{k})\mathbf{G}_0^{-1}(\mathbf{k})\phi'(-\mathbf{k})\right). \tag{3.24}$$

Das verbleibende Gaußsche Pfadintegral ist nicht mehr von $\mathbf{J}$ abhängig und kann sofort angegeben werden:

$$\int D\phi' \exp\left(-\frac{\beta}{2}\sum_\mathbf{k} \phi'(\mathbf{k})\mathbf{G}_0^{-1}(\mathbf{k})\phi'(-\mathbf{k})\right)$$

$$= \prod_\mathbf{k}\sqrt{\left(\frac{2\pi}{\beta}\right)^n \det\mathbf{G}_0(\mathbf{k})} = \mathcal{N} = \text{const.} \quad (3.25)$$

Die Auswertung eines Gaußschen Pfadintegrals wird in Box 4 erläutert.

Als Ergebnis dieses Abschnitts fassen wir zusammen, daß sich die Zustandssumme als

$$Z[\mathbf{J}] = \mathcal{N}^{-1}\exp\left(-\beta\mathcal{H}_\mathrm{I}\left[\frac{\delta}{\delta\mathbf{J}(-\mathbf{k})}\right]\right) \times$$

$$\times \exp\left(\frac{1}{2\beta}\sum_\mathbf{k} \mathbf{J}(\mathbf{k})\mathbf{G}_0(\mathbf{k})\mathbf{J}(-\mathbf{k})\right) \quad (3.26)$$

schreiben läßt und das erzeugende Funktional für die N-Teilchen-Korrelationsfunktionen

$$G^{(N)}_{i_1 \ldots i_N}(\mathbf{k}_1, \ldots, \mathbf{k}_N) = \langle\phi_{i_1}(\mathbf{k}_1)\cdots\phi_{i_N}(\mathbf{k}_N)\rangle$$

$$= Z^{-1}\left.\frac{\delta^N Z[\mathbf{J}]}{\delta J_{i_1}(\mathbf{k}_1)\cdots\delta J_{i_N}(\mathbf{k}_N)}\right|_{\mathbf{J}=\mathbf{0}} \quad (3.27)$$

darstellt.

Aus den Gleichungen (3.26) und (3.27) lesen wir ab, daß die Berechnung der Korrelationsfunktionen im wesentlichen aus der Durchführung von vielen Ableitungen nach $\mathbf{J}$ besteht. Jede Ableitung nach $\mathbf{J}(\mathbf{k})$ aber bringt einen Faktor $\mathbf{G}_0(\mathbf{k})\mathbf{J}(-\mathbf{k})$ vor die Exponentialfunktion, der den Beitrag zur Korrelationsfunktion (wegen $\mathbf{J} = \mathbf{0}$ nach der Berechnung aller Ableitungen) verschwinden läßt, wenn nicht eine weitere Ableitung nach $\mathbf{J}(-\mathbf{k})$ dieses eliminiert. Alle Ableitungsterme müssen daher — in allen möglichen Permutationen — in Paaren gruppiert werden, und für jedes solche Paar erscheint ein Faktor $\mathbf{G}_0$. Dies ist die Aussage des *Wickschen Theorems*. Wir werden dieses Vorgehen in Abschnitt 5.1 an einem Beispiel demonstrieren.

Box 4: Auswertung eines Pfadintegrals

Wir wollen das Pfadintegral

$$\mathcal{I} = \int \mathrm{D}\phi \exp\left(-\frac{\beta}{2} \sum_{\mathbf{k}} \phi(\mathbf{k}) \mathbf{G}_0^{-1}(\mathbf{k}) \phi(-\mathbf{k})\right) \qquad (3.28)$$

berechnen. Wir nehmen dazu an, daß $\mathbf{A} = \mathbf{G}_0^{-1}$ in Hauptachsenform vorliegt:

$$A_{ij}(\mathbf{k}) = a_i(\mathbf{k})\delta_{ij}. \qquad (3.29)$$

Dies ist aufgrund der geforderten Symmetrie von $\mathbf{G}_0$ immer möglich.
Wir schreiben ϕ in Komponenten und erhalten

$$\mathcal{I} = \int \prod_i \mathrm{D}\phi_i \prod_j \exp\left(-\frac{\beta}{2} \sum_{\mathbf{k}} a_j(\mathbf{k}) \phi_j(\mathbf{k}) \phi_j(-\mathbf{k})\right). \qquad (3.30)$$

Jedem j im zweiten Produkt läßt sich genau ein i im ersten Produkt zuordnen. Wir können daher die Produkte zusammenfassen und vor das Integral ziehen. Mit der Definition (3.6) des Pfadintegrals schreiben wir

$$\mathcal{I} = \prod_i \int_{-\infty}^{\infty} \prod_{\mathbf{k}'} \mathrm{d}\phi_i(\mathbf{k}') \exp\left(-\frac{\beta}{2} \sum_{\mathbf{k}} a_i(\mathbf{k}) \phi_i(\mathbf{k}) \phi_i(-\mathbf{k})\right). \qquad (3.31)$$

Zweckmäßigerweise unterteilt man den reziproken Raum jetzt in zwei Halbräume, indem man $\mathbf{k}$ und $-\mathbf{k}$ zusammenfaßt. Das Produkt über einen Halbraum wird durch das Symbol $\prod'$ gekennzeichnet.

$$\mathcal{I} = \prod_i \int_{-\infty}^{\infty} \prod_{\mathbf{k}'}{}' \mathrm{d}\phi_i(\mathbf{k}') \mathrm{d}\phi_i(-\mathbf{k}') \prod_{\mathbf{k}}{}' \exp\left(-\beta a_i(\mathbf{k}) \phi_i(\mathbf{k}) \phi_i(-\mathbf{k})\right). \qquad (3.32)$$

Box 4 (Fortsetzung): Auswertung eines Pfadintegrals

Dabei haben wir ausgenutzt, daß jeder Exponentialterm zweimal auftritt. Da der Ordnungsparameters reell ist, gilt

$$\phi_i(-\mathbf{k}) = \phi_i^*(\mathbf{k}); \tag{3.33}$$

daher transformieren wir ϕ_i gemäß

$$\phi_i(\mathbf{k}) = |\phi_i(\mathbf{k})|\, e^{i\psi_i(\mathbf{k})}, \qquad \phi_i(-\mathbf{k}) = |\phi_i(\mathbf{k})|\, e^{-i\psi_i(\mathbf{k})} \tag{3.34}$$

mit der Jacobideterminante $2\,|\phi_i(\mathbf{k})|$. Damit erhalten wir

$$\mathcal{I} = \prod_i 4\pi \int_0^\infty \prod_{\mathbf{k}'}{}' \mathrm{d}\,|\phi_i(\mathbf{k}')|\; |\phi_i(\mathbf{k}')| \prod_{\mathbf{k}}{}' \exp\left(-\beta a_i(\mathbf{k})\,|\phi_i(\mathbf{k})|^2\right). \tag{3.35}$$

Wir können analog zur obigen Argumentation die Produkte zusammenfassen. Es ergibt sich

$$\mathcal{I} = \prod_i 2\pi \prod_{\mathbf{k}}{}' \int_0^\infty \mathrm{d}\,|\phi_i(\mathbf{k})|^2 \, \exp\left(-\beta a_i(\mathbf{k})\,|\phi_i(\mathbf{k})|^2\right)$$

$$= \prod_i 2\pi \prod_{\mathbf{k}}{}' \frac{1}{\beta a_i(\mathbf{k})} = \prod_{\mathbf{k}} \sqrt{\left(\frac{2\pi}{\beta}\right)^n \frac{1}{\det\mathbf{A}(\mathbf{k})}} \tag{3.36}$$

unter Rückführung des Produktes auf den gesamten reziproken Raum. Wir wollen an dieser Stelle noch die Berechnung eines weiteren sehr wichtigen Integrals angeben, das der Zweiteilchen-korrelationsfunktion in Gaußscher Näherung:

$$\langle \phi_r(\mathbf{q})\phi_r(-\mathbf{q})\rangle_{\mathcal{H}_0} = \frac{\prod_i \int_{-\infty}^\infty \prod_{\mathbf{k}'} \mathrm{d}\phi_i(\mathbf{k}')\, \phi_r(\mathbf{q})\phi_r(-\mathbf{q}) W_i[\phi]}{\prod_i \int_{-\infty}^\infty \prod_{\mathbf{k}'} \mathrm{d}\phi_i(\mathbf{k}')\, W_i[\phi]} \tag{3.37}$$

Box 4 (Fortsetzung): Auswertung eines Pfadintegrals

mit

$$W_i[\phi] = \exp\left(-\frac{\beta}{2}\sum_{\mathbf{k}} G_i^{-1}(\mathbf{k})\phi_i(\mathbf{k})\phi_i(-\mathbf{k})\right). \qquad (3.38)$$

Für $i \neq r$ kann in Zähler und Nenner der Beitrag gekürzt werden. Für $i = r$ dagegen muß auch $\mathbf{k}' = \pm\mathbf{q}$ gewählt werden. Daher gilt

$$\langle\phi_i(\mathbf{q})\phi_i(-\mathbf{q})\rangle_{\mathcal{H}_0} = \frac{\int_{-\infty}^{\infty} d\phi_i(\mathbf{k}')d\phi_i(-\mathbf{k}')\,\phi_i(\mathbf{k}')\phi_i(-\mathbf{k}')\widetilde{W}_i[\phi]}{\prod_i\int_{-\infty}^{\infty} d\phi_i(\mathbf{k}')d\phi_i(-\mathbf{k}')\,\widetilde{W}_i[\phi]}$$

$$(3.39)$$

mit

$$\widetilde{W}_i[\phi] = \exp\left(-\frac{\beta}{2}G_i^{-1}(\mathbf{k}')\phi_i(\mathbf{k}')\phi_i(-\mathbf{k}')\right). \qquad (3.40)$$

Mit der Transformation (3.34) erhalten wir

$$\langle\phi_i(\mathbf{q})\phi_i(-\mathbf{q})\rangle_{\mathcal{H}_0}$$

$$= \frac{\int_0^{\infty} d\,|\phi_i(\mathbf{k})|^2\,|\phi_i(\mathbf{k})|^2\exp\left(-\beta G_i^{-1}(\mathbf{k})\,|\phi_i(\mathbf{k})|^2\right)}{\int_0^{\infty} d\,|\phi_i(\mathbf{k})|^2\exp\left(-\beta G_i^{-1}(\mathbf{k})\,|\phi_i(\mathbf{k})|^2\right)}$$

$$= \beta^{-1}G_i, \qquad (3.41)$$

das heißt, die Zweiteilchenkorrelationsfunktion ist proportional zum freien Propagator.

3.2 Die Störungsentwicklung

Mit Hilfe von Gleichung (3.26) sind wir inzwischen in der Lage, beliebige N-Teilchen-Korrelationsfunktionen zu berechnen. Für die Praxis aber ist diese Form der Zustandssumme noch zu abstrakt. Eine Entwicklung des Störterms wird uns auf die *Feynmandiagramme* führen. Diese werden es uns ermöglichen, Korrelationsfunktionen „intuitiv" anzugeben. Dazu entwickeln wir zunächst $\mathcal{H}_I$ formal nach Potenzen des Ableitungsoperators:

$$\mathcal{H}_I\left[\frac{\delta}{\delta \mathbf{J}(-\mathbf{k})}\right] = \sum_r \frac{\lambda_r}{r!} \sum_{\mathbf{k}_1 \ldots \mathbf{k}_r} \delta\left(\sum_i \mathbf{k}_i\right) \frac{\delta}{\delta \mathbf{J}(-\mathbf{k}_1)} \cdots \frac{\delta}{\delta \mathbf{J}(-\mathbf{k}_r)}.$$

(3.42)

Dabei bedeutet der Entwicklungskoeffizient λ_r die Stärke des Vertex der Ordnung r. Mit anderen Worten: λ_r ist der Landaukoeffizient der r-ten Ordnung in der Entwicklung der Hamiltonfunktion nach Invarianten des Ordnungsparameters. Die oben angegebene Reihe enthält also üblicherweise nur wenige Terme; häufig sind dies der quartische ($r = 4$) sowie der kubische ($r = 3$) und der Term sechster Ordnung. An Stelle des Ordnungsparameters $\phi(\mathbf{k})$ steht der Funktionalableitungsoperator nach $\mathbf{J}(-\mathbf{k})$. $\delta(\cdot)$ bezeichnet die Diracsche δ-Verteilung, und ihr Auftreten folgt direkt aus der Translationsinvarianz (vergleiche Gleichung (2.50)).

Wir führen nun eine Potenzreihenentwicklung der Exponentialfunktion des Störterms durch und erhalten

$$\exp\left(-\beta \mathcal{H}_I\left[\frac{\delta}{\delta \mathbf{J}(-\mathbf{k})}\right]\right) = \sum_s \frac{(-\beta)^s}{s!} \prod_{j=1}^s \Bigg($$

$$\sum_r \frac{\lambda_r}{r!} \sum_{\mathbf{k}_1^{(j)} \ldots \mathbf{k}_r^{(j)}} \delta\left(\sum_i \mathbf{k}_i^{(j)}\right) \frac{\delta}{\delta \mathbf{J}(-\mathbf{k}_1^{(j)})} \cdots \frac{\delta}{\delta \mathbf{J}(-\mathbf{k}_r^{(j)})}\Bigg).$$

(3.43)

Dabei indiziert j die Wellenvektoren der einzelnen Produktterme.

An dieser Stelle gehen wir der Anschaulichkeit wegen auf ein einfaches Beispiel über. Wir betrachten eine skalare ϕ^4-Theorie in drei Raumdimensionen:

$$\mathcal{H}_0 = \frac{1}{2}\sum_{\mathbf{k}}(\mu^2 + |\mathbf{k}|^2)\phi(\mathbf{k})\phi(-\mathbf{k})$$

(3.44)

$$\mathcal{H}_I = \frac{\lambda}{4!}\sum_{\substack{\mathbf{k}_1,\mathbf{k}_2 \\ \mathbf{k}_3,\mathbf{k}_4}} \phi(\mathbf{k}_1)\phi(\mathbf{k}_2)\phi(\mathbf{k}_3)\phi(\mathbf{k}_4)\delta_{\mathbf{k}_1+\mathbf{k}_2+\mathbf{k}_3+\mathbf{k}_4,0},$$

(3.45)

so daß

$$G_0(\mathbf{k}) = \frac{1}{\mu^2 + |\mathbf{k}|^2}. \tag{3.46}$$

Im direkten Raum wirkt die Funktion $D(\boldsymbol{\nabla})$ aus Gleichung (3.1) dann einfach in folgender Form:

$$\int d\mathbf{x} \int d\mathbf{y} \phi(\mathbf{y}) D(\boldsymbol{\nabla}) \phi(\mathbf{x}) = \int D\mathbf{x} \left(\boldsymbol{\nabla}\phi(\mathbf{x})\right)^2. \tag{3.47}$$

Gleichung (3.43) lautet jetzt

$$\exp\left(-\beta\mathcal{H}_{\mathrm{I}}\left[\frac{\delta}{\delta J(-\mathbf{k})}\right]\right)$$
$$= \sum_s \frac{(-\beta)^s}{s!} \prod_{j=1}^s \frac{\lambda}{4!} \sum_{\mathbf{k}_1^{(j)}\cdots\mathbf{k}_4^{(j)}} \delta\left(\sum_i \mathbf{k}_i^{(j)}\right) \frac{\delta}{\delta J(-\mathbf{k}_1^{(j)})} \cdots \frac{\delta}{\delta J(-\mathbf{k}_4^{(j)})}. \tag{3.48}$$

Der Term erster Ordnung in s ist $-\beta\mathcal{H}_{\mathrm{I}}$.

Als Beispiel betrachten wir nun den Term zweiter Ordnung

$$\frac{\beta^2}{2!}\left(\frac{\lambda}{4!}\sum_{\mathbf{q}_1\cdots\mathbf{q}_4}\delta\left(\textstyle\sum_i \mathbf{q}_i\right)\frac{\delta}{\delta J(-\mathbf{q}_1)}\cdots\frac{\delta}{\delta J(-\mathbf{q}_4)}\right)^2. \tag{3.49}$$

Wir untersuchen den Beitrag dieses Terms zu $G^{(4)}(\mathbf{k}_1,\dots,\mathbf{k}_4)$:

$$G_2^{(4)}(\mathbf{k}_1,\dots,\mathbf{k}_4) = \frac{\beta^2}{2!}\frac{\delta}{\delta J(-\mathbf{k}_1)}\cdots\frac{\delta}{\delta J(-\mathbf{k}_4)} \times$$
$$\times \left(\frac{\lambda}{4!}\sum_{\mathbf{q}_1\cdots\mathbf{q}_4}\delta\left(\sum_i \mathbf{q}_i\right)\frac{\delta}{\delta J(-\mathbf{q}_1)}\cdots\frac{\delta}{\delta J(-\mathbf{q}_4)}\right) \times$$
$$\times \left(\frac{\lambda}{4!}\sum_{\mathbf{p}_1\cdots\mathbf{p}_4}\delta\left(\sum_i \mathbf{p}_i\right)\frac{\delta}{\delta J(-\mathbf{p}_1)}\cdots\frac{\delta}{\delta J(-\mathbf{p}_4)}\right) \times$$
$$\times \exp\left(-\frac{1}{2\beta}\sum_{\mathbf{k}} J(\mathbf{k})G_0(\mathbf{k})J(-\mathbf{k})\right)\Bigg|_{J=0}. \tag{3.50}$$

Wir wollen diesen Beitrag grafisch veranschaulichen. Für jede Ableitung, die einen Wellenvektor enthält, über den nicht summiert wird, also für jedes Argument der Korrelationsfunktion, zeichnen wir einen Pfeil (äußeres Bein). Dies ist in Abbildung 3.1 dargestellt.

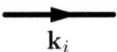

$$\mathbf{k}_i$$

Abbildung 3.1: Äußere Beine stehen für die Argumente der N-Teilchen-Korrelationsfunktion.

Für jeden Vertex λ zeichnen wir einen Punkt ●, dem wir die zugehörigen vier Ableitungen als Pfeile anheften (vergleiche Abbildung 3.2). An jedem Vertexpunkt muß Impulserhaltung gelten, hier also $\mathbf{q}_1 + \mathbf{q}_2 - \mathbf{q}_3 - \mathbf{q}_4 = 0$.

Abbildung 3.2: Ein Vertex mit vier angehefteten Beinen.

Das Wicksche Theorem im letzten Abschnitt hat uns gelehrt, daß die Ableitungen immer paarweise zu $\mathbf{k}$ und $-\mathbf{k}$ gehören müssen. Wenn wir jetzt die äußeren Beine mit den Vertizes und die Vertizes untereinander verbinden, müssen die Wellenvektoren der zu verbindenden Beine entgegengesetzt gleich gewählt werden. Zur Veranschaulichung betrachten wir ein spezielles Diagramm zu $G_2^{(4)}(\mathbf{k}_1, \ldots, \mathbf{k}_4)$:

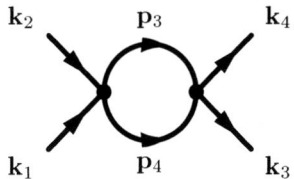

Abbildung 3.3: Der „Fisch": Ein zusammenhängendes Diagramm zu $G_2^{(4)}(\mathbf{k}_1, \ldots, \mathbf{k}_4)$.

Es besteht aus vier äußeren Beinen und zwei Vertizes. Mit der Notation aus Gleichung (3.50) wurde hier $\mathbf{q}_1 = -\mathbf{k}_1$, $\mathbf{q}_2 = -\mathbf{k}_2$, $\mathbf{q}_3 = -\mathbf{p}_3$, $\mathbf{q}_4 = -\mathbf{p}_4$, $\mathbf{p}_1 = -\mathbf{k}_3$ sowie $\mathbf{p}_2 = -\mathbf{k}_4$ gewählt. Am linken Vertex gilt $\mathbf{k}_1 + \mathbf{k}_2 - \mathbf{p}_3 - \mathbf{p}_4 = 0$, am rechten $\mathbf{p}_3 + \mathbf{p}_4 - \mathbf{k}_3 - \mathbf{k}_4 = 0$. Das Diagramm besitzt eine Schleife. Später werden wir die freie Enthalpie nach der Zahl der Schleifen der Diagramme entwickeln. Um den Ausdruck (3.50) vollständig auszudrücken, müssen wir alle topologisch unterschiedlichen Diagramme mit vier äußeren Beinen und zwei Vertizes aufaddieren. Dazu gehört auch das folgende, nicht zusammenhängende Diagramm, mit dem wir uns unter anderen im nächsten Abschnitt befassen werden:

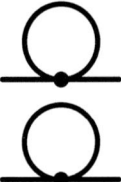

Abbildung 3.4:   Ein nicht zusammenhängendes Diagramm zu $G_2^{(4)}(\mathbf{k}_1, \dots, \mathbf{k}_4)$.

Wir wollen nun den Wert des Diagramms 3.3 berechnen. Da über äußere Beine nicht summiert wird und diese lediglich multiplikativ in die Berechnung der Korrelationsfunktion eingehen, können $\mathbf{k}_3$ und $\mathbf{k}_4$ vertauscht werden, ohne daß wir ein neues Diagramm erhalten. Vertauschen wir jedoch ein äußeres Bein der linken mit einem der rechten Seite, so ergibt sich ein unterschiedliches Diagramm.

Zur Berechnung des Diagramms stellen wir zunächst fest, wieviele unterschiedliche Möglichkeiten es gibt, dieselbe topologische Struktur zu erhalten. Für $\mathbf{k}_1$ gibt es an den zwei Vertizes *acht* verschiedene Stellen. $\mathbf{k}_2$ muß am gleichen Vertex wie $\mathbf{k}_1$ angeheftet werden, es verbleiben also *drei* Möglichkeiten für $\mathbf{k}_2$, für $\mathbf{k}_3$ *vier* und für $\mathbf{k}_4$ *drei*. Für die zwei Verbindungen der Vertizes gibt es schließlich *zwei* Kombinationen. Insgesamt erhalten wir also 576 Permutationen.

Für die zwei Vertizes mit den je vier Beinen erhalten wir je einen

Faktor $-\beta\lambda/4!$ und für die Anzahl der Vertizes[2] einen Faktor $1/2!$. Für jedes äußere Bein und jede innere Linie setzen wir einen Faktor $\beta^{-1}G_0$ und summieren über die Wellenvektoren der inneren Linien. Unter Berücksichtigung der Impulserhaltung an den Vertizes erhalten wir somit

$$\frac{\lambda^2}{2}\beta^{-4}G_0(\mathbf{k}_1)G_0(\mathbf{k}_2)G_0(\mathbf{k}_3)G_0(\mathbf{k}_4)\sum_{\mathbf{p}_3\mathbf{p}_4}\delta(\mathbf{k}_1+\mathbf{k}_2-\mathbf{p}_3-\mathbf{p}_4)\times$$

$$\times\,\delta(\mathbf{p}_3+\mathbf{p}_4-\mathbf{k}_3-\mathbf{k}_4)G_0(\mathbf{p}_3)G_0(\mathbf{p}_4)$$

$$=\frac{\lambda^2}{2}\beta^{-4}G_0(\mathbf{k}_1)G_0(\mathbf{k}_2)G_0(\mathbf{k}_3)G_0(\mathbf{k}_4)\times$$

$$\times\sum_{\mathbf{p}}G_0(\mathbf{p})G_0(\mathbf{k}_1+\mathbf{k}_2-\mathbf{p})\delta(\mathbf{k}_1+\mathbf{k}_2+\mathbf{k}_3+\mathbf{k}_4).\quad(3.51)$$

Die Anwendung der Regeln zur Aufstellung solcher Feynmandiagramme erzeugt eine Vielzahl von verschiedenen Diagrammen. Im nächsten Abschnitt werden wir sehen, daß sich deren Zahl aber verringern läßt, indem man zu anderen erzeugenden Funktionalen übergeht: der freien Energie und der freien Enthalpie.

3.3   Freie Energie und freie Enthalpie

In Abbildung 3.5 sind einige Diagramme zu $G^{(2)}$ skizziert. Die Diagramme 3.5(b) und 3.5(c) enthalten Vakuumgraphen, das heißt sie besitzen Vertizes, die weder direkt noch indirekt mit einem äußeren Bein verbunden sind. Sie sind außerdem nicht zusammenhängend wie auch Diagramm 3.4, das aber keine Vakuumgraphen enthält. Diagramm 3.5(d) wiederum ist zusammenhängend, aber Einteilchen-reduzibel, das heißt, es kann durch einen Schnitt durch die Linie zwischen den beiden Vertizes in zwei Diagramme vom Typ 3.5(a) zerteilt werden.

Die Korrelationsfunktionen sind nach Gleichung (3.27) auf $Z[J=0]$ normiert. $Z[J=0]$ enthält keine „äußeren" Ableitungsterme, das heißt, der diagrammatische Beitrag von $Z[J=0]$ enthält alle reinen Vakuumgraphen ohne äußere Beine. In der Ableitung der Zustandssumme

---

[2]entsprechend der Ordnung der Taylorentwicklung

hingegen,

$$\frac{\delta^N Z[J]}{\delta J(\mathbf{k}_1)\cdots\delta J(\mathbf{k}_N)}\bigg|_{J=0}, \tag{3.52}$$

können die Vakuumgraphen ausfaktorisiert werden, indem man formal bis zu beliebiger Ordnung im Vertex λ entwickelt. Dies ist möglich, da sich die Vakuumterme stets als einfaches Produkt eines reinen Vakuumgraphen und eines Nicht-Vakuumgraphen darstellen läßt. Die Vakuumgraphen können daher vollständig gekürzt werden. Die N-Teilchen-Korrelationsfunktionen schließen deshalb keine Vakuumgraphen ein.

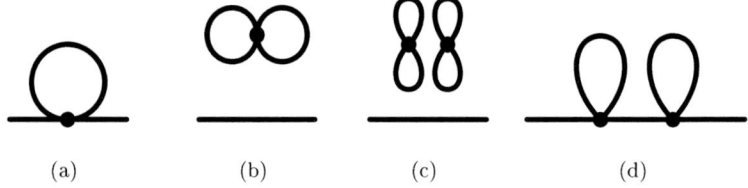

(a)   (b)   (c)   (d)

Abbildung 3.5: Einige Diagramme zu $G^{(2)}$.

In gleicher Weise lassen sich nicht zusammenhängende Diagramme als Produkt aus zusammenhängenden Diagrammen schreiben: Das Diagramm 3.4 beispielsweise entspricht exakt dem Quadrat von Diagramm 3.5(a). Ein Funktional, das diese Tatsache systematisch und unter Berücksichtigung der korrekten kombinatorischen Faktoren ausnutzt, ist die freie Energie[3] $\mathcal{G}$:

$$Z[J] = \mathrm{e}^{\beta\mathcal{G}[J]}. \tag{3.53}$$

$\beta\mathcal{G}$ ist das erzeugende Funktional für die zusammenhängenden Diagramme mit

$$G_{\mathrm{c}}^{(N)}(\mathbf{k}_1,\dots,\mathbf{k}_N) = \beta\,\frac{\delta\mathcal{G}[J]}{\delta J(-\mathbf{k}_1)\cdots\delta J(-\mathbf{k}_N)}\bigg|_{J=0}. \tag{3.54}$$

---

[3]Man lasse sich nicht durch die englischsprachige Literatur irreführen, die mit „free energy" manchmal die freie Enthalpie bezeichnet.

$G_c^{(N)}$ sind die zusammenhängenden Greenschen Funktionen. Man kann sie durch die N-Teilchen-Korrelationsfunktionen ausdrücken, z.B.

$$G_c^{(2)}(\mathbf{k}, -\mathbf{k}) = G^{(2)}(\mathbf{k}, -\mathbf{k}) - G^{(1)}(\mathbf{k})G^{(1)}(-\mathbf{k})$$
$$= \langle \phi(\mathbf{k})\phi(-\mathbf{k}) \rangle - \langle \phi(\mathbf{k}) \rangle \langle \phi(-\mathbf{k}) \rangle . \quad (3.55)$$

Für sehr große Distanzen faktorisieren die Korrelationsfunktionen. Da in den zusammenhängenden Greenschen Funktionen aber bereits alle Faktorisierungen subtrahiert sind, verschwinden sie für große Entfernungen. $G_c^{(2)}$ ist damit eine geeignete Funktion zur Berechnung von Suszeptibiliäten [60]:

$$\chi = \sum_{\mathbf{k}} G_c^{(2)}(\mathbf{k}, -\mathbf{k}). \quad (3.56)$$

Eine Definition gemäß

$$\chi = \sum_{\mathbf{k}} G^{(2)}(\mathbf{k}, -\mathbf{k}) \quad (3.57)$$

würde zu einer Divergenz der Suszeptibilität in der geordneten Phase führen.

In Abbildung 3.5 verbleibt ein letztes Diagramm, das Einteilchen-reduzible Diagramm 3.5(d). Sein Wert[4] beträgt bis auf eine Konstante

$$\lambda^2 \beta^{-3} G_0(\mathbf{k}_1) \int G_0(\mathbf{q}) d\mathbf{q}\, G_0(\mathbf{k}_1) \int G_0(\mathbf{q}') d\mathbf{q}'\, G_0(\mathbf{k}_1)\delta(\mathbf{k}_1 + \mathbf{k}_2).$$
$$(3.58)$$

Wir sehen, daß offensichtlich aus Gründen der Impulserhaltung die innere Linie, die keine Schleife bildet, keinen Beitrag zur Integration liefert, sondern nur multiplikativ auftritt. Man überlegt sich leicht, daß dies für jedes Einteilchen-reduzible Diagramm aus $G_c^{(2)}$ der Fall ist. Definieren wir also $\Sigma(\mathbf{k})$ als Summe aller Einteilchen-irreduziblen Graphen ohne

---

[4]Wenn das Systemvolumen gegen unendlich geht, wird die Menge der Wellenvektoren ein Kontinuum. Die Summe $\sum_{\mathbf{k}} f(\mathbf{k})$ geht dann über in das Integral $V/(2\pi)^d \int d\mathbf{k} f(\mathbf{k})$

äußere Beine in $G_c^{(2)}$, so können wir $G_c^{(2)}$ in der Form

$$\beta^{-1} G_c^{(2)}(\mathbf{k}) = \beta^{-1} G_0(\mathbf{k}) + \beta^{-1} G_0(\mathbf{k}) \Sigma(\mathbf{k}) \beta^{-1} G_0(\mathbf{k})$$
$$+ \beta^{-1} G_0(\mathbf{k}) \Sigma(\mathbf{k}) \beta^{-1} G_0(\mathbf{k}) \Sigma(\mathbf{k}) \beta^{-1} G_0(\mathbf{k}) + \cdots$$
$$= \beta^{-1} G_0(\mathbf{k}) \sum_{j=0}^{\infty} \left(\Sigma(\mathbf{k}) \beta^{-1} G_0(\mathbf{k}) \right)^j = \frac{\beta^{-1} G_0}{1 - \Sigma(\mathbf{k}) \beta^{-1} G_0(\mathbf{k})} \quad (3.59)$$

schreiben, das heißt

$$G_c^{(2)}(\mathbf{k}) = \frac{1}{G_0^{-1}(\mathbf{k}) - \beta^{-1} \Sigma(\mathbf{k})}. \quad (3.60)$$

Diese Gleichung wird als *Dyson-Gleichung* bezeichnet. Aus Gleichung (3.60) liest man ab, daß das Inverse der zusammenhängenden Zweiteilchen-Funktion nur Einteilen-irreduzible Graphen enthält. Dieses Inverse wird als Vertexfunktion $\Gamma^{(2)}$ bezeichnet.

Wir wollen die eben getroffenen Aussagen noch auf allgemeinere Ordnungsparameterfelder und Vertexfunktionen höherer Ordnung ausdehnen. Dazu definieren wir zunächst $\phi_{\alpha_i}(\mathbf{k}_i) =: \phi(i)$ und

$$\overline{\phi}(i) := \langle \phi(i) \rangle = \beta \frac{\delta \mathcal{G}[\mathbf{J}]}{\delta J(i)}. \quad (3.61)$$

Wie in der Theorie des Magnetismus gehen wir jetzt von dem thermodynamischen Potential $\mathcal{G}[\mathbf{J}]$, das vom äußeren Feld — im Magnetismus: dem magnetischen Feld $\mathbf{H}$ — abhängt, auf das legendretransformierte Potential $F[\overline{\phi}]$ über — im Magnetismus entspricht $\overline{\phi}$ der Magnetisierung $\mathbf{M}$:

$$F[\overline{\phi}] = \beta^{-1} \sum_i \overline{\phi}(i) J(i) - \mathcal{G}[\mathbf{J}]. \quad (3.62)$$

Wir nennen $F[\overline{\phi}]$ die freie Enthalpie, und es gilt

$$\frac{\delta F[\overline{\phi}]}{\delta \overline{\phi}(i)} = \beta^{-1} J(i). \quad (3.63)$$

Im Falle einer nicht durch ein äußeres Feld gebrochenen Symmetrie finden wir

$$\overline{\phi}(i) \xrightarrow[J \to 0]{} v(i) \neq 0. \quad (3.64)$$

Durch F ausgedrückt bedeutet das aber,

$$\frac{\delta F}{\delta \overline{\phi}(i)} \bigg|_{\overline{\phi}(i)=v(i)} = 0, \qquad (3.65)$$

das heißt, $F[\overline{\phi}]$ besitzt ein Extremum bei $\overline{\phi}(i) = v(i)$. Gleichung (3.65) dient uns also als Bedingungsgleichung bei der Bestimmung stabiler Strukturen.

Wir wollen zum Abschluß dieses Kapitels noch zeigen, daß die freie Enthalpie das erzeugende Funktional für die Vertexfunktionen darstellt. Dazu leiten wir Gleichung (3.61) nach $\overline{\phi}(j)$ ab und erhalten unter Berücksichtigung von Gleichung (3.63)

$$\sum_k \beta \frac{\delta^2 \mathcal{G}}{\delta J(i)\delta J(k)} \beta \frac{\delta^2 F}{\delta \overline{\phi}(k)\delta \overline{\phi}(j)} = \delta_{ij} \qquad (3.66)$$

und mit

$$\beta \frac{\delta^2 \mathcal{G}}{\delta J(i)\delta J(k)} \bigg|_{\mathbf{J}=0} = G_c^{(2)}(i,k) = \frac{1}{\Gamma^{(2)}(i,k)} \qquad (3.67)$$

schließlich

$$\Gamma^{(2)}(i,j) = \beta \frac{\delta^2 F}{\delta \overline{\phi}(i)\delta \overline{\phi}(j)} \bigg|_{\mathbf{J}=0}. \qquad (3.68)$$

In ähnlicher Weise findet man

$$\Gamma^{(N)}(1,\dots,N) = \beta \frac{\delta^N F[\overline{\phi}]}{\delta \overline{\phi}(1)\cdots\delta \overline{\phi}(N)} \bigg|_{\mathbf{J}=0}. \qquad (3.69)$$

Mithin ist die freie Enthalpie F das erzeugende Funktional der Vertexfunktionen.

Ausgerüstet mit den Hilfsmitteln der statistischen Feldtheorie betrachten wir in den folgenden Kapiteln Näherungen für die freie Enthalpie. Zunächst werden wir eine Entwicklung nach der Zahl der Schleifen durchführen. Dabei werden wir sehen, daß in niedrigster Ordnung nur die Zweiteilchen-Korrelationsfunktion eine Rolle spielt. Die dort verwendete Methode ist auch als BRAZOVSKIĬs Methode bekannt. Da sich diese Methode für die Behandlung der cholesterischen Phase als nicht anwendbar erweist, werden wir im darauffolgenden Kapitel eine Entwicklung der freien Enthalpie nach Momenten der Hamiltonfunktion, den sogenannten Kumulanten durchführen. Im Rahmen dieser Methode werden wir wichtige Ergebnisse für das Phasendiagramm der Blauen Phasen erhalten.

Kapitel 4

Die Schleifenentwicklung und Brazovskiĭs Methode

Eine gebräuchliche Methode, die freie Enthalpie für ein fluktuierendes System zu berechnen, ist die Entwicklung nach der Zahl der Schleifen. Es muß bemerkt werden, daß die ungleich mächtigere Renormierungsgruppentheorie im Falle der Blauen Phasen keine Anwendung findet, da die Fluktuationen nicht bei $k = 0$, sondern auf einer Schale mit $k = q_0$ auftreten. Doch auch die Schleifenentwicklung wirft Probleme auf, da die Diskontinuität der Phasenübergänge bei den Blauen Phasen eine Divergenz der Korrelationslänge am Phasenübergang verhindert und so Beiträge von unendlicher Ordnung zur freien Enthalpie berücksichtigt werden müssen. BRAZOVSKIĬs Methode [7] versucht diese Probleme durch eine grobe Näherung zu umgehen. Die Anwendung von BRAZOVSKIĬs Methode in der ursprünglichen Formulierung auf die Blauen Phasen erweist sich als nahezu undurchführbar, da zur Berechnung der freien Enthalpie zunächst der Gleichgewichtsordnungsparameter bestimmt werden muß. Es zeigt sich jedoch, daß man auf BRAZOVSKIĬs Ergebnisse auch auf einem einfacheren Weg gelangen kann. Die Anwendung auf die Blauen Phasen ist aber dennoch nicht möglich, da sich mit BRAZOVSKIĬs Methode die isotrope Phase nicht mehr stabilisieren läßt. Einen Ausweg aus diesem Dilemma weist die Kumulantenentwicklung in Kapitel fünf auf.

4.1 Die Schleifenentwicklung

Die in Abschnitt 3.2 angegebene Störungsentwicklung ist eine Entwicklung nach Potenzen von λ. Hier stellen wir eine Näherung der freien Enthalpie vor, die auf einer systematischen Entwicklung nach dem Kleinheitsparameter V/β beruht.

Aus den Regeln zur Auswertung von Feynmandiagrammen am Ende von Abschnitt 3.2 lesen wir ab, daß ein allgemeiner Graph der Ordnung λ^n, der zu einer Vertexfunktion mit E äußeren Beinen und I inneren Linien gehört, proportional zu $(V/\beta)^{I-n}$ ist, also unabhängig von der Zahl der äußeren Beine. Für jede innere Linie erhalten wir eine Integration, für jeden Vertex eine Impulserhaltung. Da die Erhaltung des Gesamtimpulses, also die Tatsache, daß die Summe über die Wellenvektoren aller äußeren Beine verschwindet, keine Integration unterdrückt, stellen wir fest, daß die Zahl der Impulsintegrationen $L = I - n + 1$ beträgt. Ein solches Diagramm trägt also einen Vorfaktor $(V/\beta)^{L-1}$. Eine Entwicklung, die nur Terme bis zu einer bestimmten Ordnung von Impulsintegrationen berücksichtigt, ist also auch eine Entwicklung im Kleinheitsparameter V/β. Im Bild der Feynmandiagramme entspricht die Entwicklung nach der Zahl der Impulsintegrationen einer Entwicklung nach der Anzahl der geschlossenen Wege, genannt Schleifen (*loops*). Die niedrigste Ordnung der Schleifenentwicklung haben wir bereits in Abschnitt 2.5 kennengelernt: die Landau-Ginzburg-Näherung. Wir werden diese jetzt anhand einer ϕ^4-Theorie rekapitulieren, bevor wir die Korrekturen in einer Schleife aufstellen.

4.2 Die Landau-Ginzburg-Näherung

In niedrigster Ordnung der Schleifenentwicklung werden nur Diagramme ohne Schleifen berücksichtigt. Man überlegt sich leicht, daß dies für eine ϕ^4-Theorie in d Dimensionen nur die Diagramme 3.1 (für $\Gamma^{(2)}$) und 3.2 (für $\Gamma^{(4)}$) sind. Da die Beine eines Vertex nur paarweise verbunden werden können, existieren keine Vertexfunktionen mit ungerader Anzahl von Funktionsargumenten; höhere Vertexfunktionen als der Vierpunktvertex $\Gamma^{(4)}$ hingegen besitzen immer mindestens eine Schleife.

Der Zweipunktvertex $\Gamma_{ij}^{(2)}(\mathbf{k}_1, \mathbf{k}_2)$ besteht also nur aus dem freien

Beitrag G_0^{-1}:

$$\Gamma_{ij}^{(2)}(\mathbf{k}_1, \mathbf{k}_2) = \frac{(2\pi)^d}{V}(|\mathbf{k}_1|^2 + \mu^2)\delta(\mathbf{k}_1 + \mathbf{k}_2)\delta_{ij}. \tag{4.1}$$

Da wir a priori nicht wissen, daß in der isotropen Phase der Beitrag der Landau-Ginzburg-Näherung verschwindet, müssen wir zunächst von kontinuierlichen Wellenvektoren ausgehen. Diese führen zu dem Vorfaktor $(2\pi)^d/V$ (beim Übergang von der Summe in (3.66) zum Integral) in den Vertexfunktionen. Er kann später wieder vernachlässigt werden, da sich herausstellen wird, daß die Annahme einer diskreten Zahl von Wellenvektoren in Landau-Ginzburg-Näherung genügt.

Der Vierpunktvertex lautet

$$\Gamma_{i_1...i_4}^{(4)}(\mathbf{k}_1, \ldots, \mathbf{k}_4) = \frac{(2\pi)^d}{V}\delta(\mathbf{k}_1 + \mathbf{k}_2 + \mathbf{k}_3 + \mathbf{k}_4)\lambda S_{i_1...i_4} \tag{4.2}$$

mit

$$S_{i_1...i_4} = \frac{1}{3}(\delta_{i_1 i_2}\delta_{i_3 i_4} + \delta_{i_1 i_3}\delta_{i_2 i_4} + \delta_{i_1 i_4}\delta_{i_2 i_3}). \tag{4.3}$$

In Umkehrung von Gleichung (3.69) folgern wir

$$F[\overline{\phi}] = \sum_{N=1}^{\infty} \frac{1}{N!} \sum_{i_1,\ldots,i_N} \int \left[\prod_{i=1}^{N} \frac{V\mathrm{d}\mathbf{q}_i}{(2\pi)^d}\right] \Gamma_{i_1,\ldots,i_N}^{(N)}(\mathbf{q}_1, \ldots, \mathbf{q}_N)$$

$$\overline{\phi}_{i_1}(-\mathbf{q}_1)\cdots\overline{\phi}_{i_N}(-\mathbf{q}_N). \tag{4.4}$$

Wir erhalten damit die freie Enthalpie in Landau-Ginzburg-Näherung[1] (auch Mean-Field-Näherung genannt):

$$F_0[\overline{\phi}] = \frac{1}{2!} \int \mathrm{d}\mathbf{q}(q^2 + \mu^2) \sum_i \overline{\phi}_i(\mathbf{q})\overline{\phi}_i(-\mathbf{q})$$

$$+ \frac{\lambda}{4!} \int \mathrm{d}\mathbf{q}_1 \cdots \mathrm{d}\mathbf{q}_4 \delta(\mathbf{q}_1 + \mathbf{q}_2 + \mathbf{q}_3 + \mathbf{q}_4) \times$$

$$\times \sum_{i_1,\ldots,i_4} S_{i_1...i_4}\overline{\phi}_{i_1}(-\mathbf{q}_1)\cdots\overline{\phi}_{i_4}(-\mathbf{q}_4). \tag{4.5}$$

---

[1] unter Reskalierung der freien Enthalpie F und des Parameters λ

Minima der freien Enthalpie (vergleiche Gleichung (3.65)) entsprechen sicher räumlich konstante Ordnungsparameterverteilungen $\mathbf{\Phi}$ mit $q = 0$. Eingesetzt finden wir die freie Enthalpie in Landau-Näherung (Landau-Energie):

$$U(\mathbf{\Phi}) = \frac{1}{2}\mu^2\mathbf{\Phi}^2 + \frac{\lambda}{4!}(\mathbf{\Phi}^2)^2, \quad \lambda > 0. \tag{4.6}$$

Wenn $\mu^2 \geq 0$, das heißt $T > T_0$ (vergleiche Gleichung (2.52)), liegt das einzige Minimum bei $\mathbf{\Phi}^2 = 0$. Für $\mu^2 < 0$ besitzt U Nebenminima[2], die zu der geordneten Phase gehören:

$$\mathbf{\Phi}^2 = -6\frac{\mu^2}{\lambda} > 0. \tag{4.7}$$

Für die Blauen Phasen lesen wir aus Gleichung (2.62) ab:

$$\Gamma_{ij}^{(2)}(\mathbf{k}_1, \mathbf{k}_2) = \frac{1}{2}\left\{ t - m\kappa k_1 + \left[1 + \frac{1}{6}\rho\left(4 - m^2\right)\right]k_1^2 \right\}\delta(\mathbf{k}_1 + \mathbf{k}_2)\delta_{ij} \tag{4.8}$$

sowie

$$\Gamma_{i_1 i_2 i_3 i_4}^{(4)}(\mathbf{k}_1, \mathbf{k}_2, \mathbf{k}_3, \mathbf{k}_4) = \lambda \mathrm{Sp}\left[\mathbf{M}_{i_1}(\mathbf{k}_1)\mathbf{M}_{i_2}(\mathbf{k}_2)\right] \times$$
$$\times \mathrm{Sp}\left[\mathbf{M}_{i_3}(\mathbf{k}_3)\mathbf{M}_{i_4}(\mathbf{k}_4)\right]\delta(\mathbf{k}_1 + \mathbf{k}_2 + \mathbf{k}_3 + \mathbf{k}_4). \tag{4.9}$$

Wir erkennen in Gleichung (2.62) aber auch einen Beitrag zu $\Gamma^{(3)}$. Dies steht nicht im Widerspruch zur oben aufgestellten Behauptung, in einer ϕ^4-Theorie gebe es keine Vertexfunktionen ungeradzahliger Ordnung. Vielmehr handelt es sich bei den Blauen Phasen nicht um eine ϕ^4-Theorie, sondern eine ϕ^4–ϕ^3-Theorie. Die Dreipunktvertexfunktion kommt von einem Vertex vom Typ λ_3.

Bereits an dieser Stelle sehen wir, daß die statistische Feldtheorie der Blauen Phasen in drei wesentlichen Punkten komplizierter ist als die ϕ^4-Theorie. Zum einen tritt statt des einfachen Vertex λ der komplizierte Term $\lambda \mathrm{Sp}\left[\mathbf{M}_{i_1}(\mathbf{k}_1)\mathbf{M}_{i_2}(\mathbf{k}_2)\right]\mathrm{Sp}\left[\mathbf{M}_{i_3}(\mathbf{k}_3)\mathbf{M}_{i_4}(\mathbf{k}_4)\right]$ auf, der später alle Integrationen über innere Linien der Feynmandiagramme erschweren wird. Die Anwesenheit des eben erwähnten zusätzlichen Vertex vom

---

[2]Man störe sich nicht an der Formulierung $\mu^2 < 0$; die quadratische Abhängigkeit wurde in Analogie zu q^2 gewählt. Damit haben q, μ und $\mathbf{\Phi}$ die gleiche Dimension.

Typ λ_3 führt zur Beschreibung von Phasenübergängen erster Ordnung schon in Landau-Ginzburg-Theorie, was Auswirkungen auf die Konvergenz der Störungsreihe hat. Schließlich nimmt der Korrelator eine unterschiedliche Form an, wie durch Spezialisierung auf die $m = 2$-Mode gezeigt werden kann:

$$\Gamma_{22}^{(2)}(\mathbf{k}_1, \mathbf{k}_2) = \frac{1}{2}\left\{\tau + (k_1 - \kappa)^2\right\}\delta(\mathbf{k}_1 + \mathbf{k}_2) \qquad \tau = t - \kappa^2. \qquad (4.10)$$

Das Minimum der freien Enthalpie wird jetzt nicht mehr für $k_1 = 0$ angenommen. Dies macht eine Anwendung der Renormierungsgruppentheorie unmöglich.

4.3 Die Einschleifennäherung

Die Landau-Ginzburg-Näherung vernachlässigt Fluktuationen vollständig. Durch den Kleinheitsparameter $\beta^{-1}V$ ausgedrückt heißt das $\beta^{-1} \sim T = 0$. Sie gibt also keine Energieskala vor und kann keine Aussage über die Stärke von Fluktuationen machen. Sie enthält darum auch keine Information über ihre Gültigkeit. Diese kann nur überprüft werden, indem wir die Landau-Ginzburg-Näherung als erste von vielen Ordnungen betrachten und rückblickend untersuchen, wann sie gilt. Durch Berücksichtigung von Diagrammen von der Ordnung einer Schleife werden wir sehen, wie Fluktuationen auf Phasenübergänge wirken, und eine Abschätzung für die Gültigkeit der Landau-Ginzburg-Näherung finden, das sogenannte Ginzburg-Kriterium. Dazu müssen wir Diagramme wie die in den Abbildungen 3.5(a) (für $\Gamma^{(2)}$) und 3.3 (für $\Gamma^{(4)}$) dargestellten berücksichtigen, aber auch alle anderen Beiträge zu höheren Vertexfunktionen mit n Vertizes und $2n$ äußeren Beinen. Der Beitrag zu $\Gamma^{(20)}$ ist in Abbildung 4.1 gezeigt.

Abbildung 4.1: Der Einschleifenbeitrag zu $\Gamma^{(20)}$.

Das statistische Gewicht eines solchen Diagramms beträgt

Permutation der Vertizes × Vorfaktor der n Vertizes ×

    × Permutation der äußeren Impulse ×

    × Verteilung der inneren Impulse ×

    × Verteilung der äußeren Beine auf die Vertizes ×

    × Verteilung der inneren Linien

$$= \frac{1}{n!} \times \frac{(-\lambda)^n}{(4!)^n} \times \frac{1}{(2n)!} \times \frac{(2n)!}{2^n n!} \times n!(4 \cdot 3)^n \times 2^{n-1}(n-1)!$$

$$= \frac{(-\lambda/2)^n}{2n}. \tag{4.11}$$

Als Ergebnis für U (wir beschränken uns auf eine skalare ϕ^4–Theorie) erhalten wir in erster Ordnung

$$U_1(\Phi) = -V\beta^{-1} \sum_{n=1}^{\infty} \frac{1}{2n} \left(-\frac{1}{2}\lambda\Phi^2\right)^n \int \frac{d\mathbf{q}}{(q^2 + \mu^2)^n}, \tag{4.12}$$

wobei wir davon Gebrauch gemacht haben, daß alle äußeren Beine aufgrund der homogenen Ordnungsparameterverteilung zu verschwindenden Impulsen gehören. Die Reihe kann aufsummiert werden:

$$U_1(\Phi) = \frac{V\beta^{-1}}{2} \int d\mathbf{q} \ln\left(1 + \frac{\lambda\Phi^2/2}{q^2 + \mu^2}\right). \tag{4.13}$$

Unter Berücksichtigung der Normierung (3.25) ergibt sich also

$$U(\Phi) = \frac{1}{2}\mu^2\Phi^2 + \frac{\lambda}{4!}\Phi^4 + \frac{V\beta^{-1}}{2} \int d\mathbf{q} \ln\left(q^2 + \mu^2 + \frac{\lambda\Phi^2}{2}\right). \tag{4.14}$$

Diese freie Enthalpie enthält Terme aller (geraden) Ordnungen in Φ.

Für Phasenübergänge zweiter Ordnung, wie sie die ϕ^4-Theorie beschreibt, ist eine Divergenz der Suszeptibilität am Phasenübergang typisch. Mit Gleichung (3.56) finden wir

$$\chi^{-1} = \mu^2 + \frac{\lambda V \beta^{-1}}{2} \int \frac{d\mathbf{q}}{q^2 + \mu^2}. \tag{4.15}$$

Natürlich stellt diese Gleichung nichts anderes dar als die Dyson-Gleichung (3.60) für $k = 0$. In der Tat divergiert χ in Mean-Field-Näherung ($\beta^{-1} = 0$) bei $\mu = 0$, also $T_0 = 0$. Jetzt dagegen verschwindet χ^{-1} bei einer tieferen Übergangstemperatur T_c. Am Phasenübergang ($T = T_c$) gilt dann

$$\mu_c^2 := T_c - T_0 = -\frac{\lambda V \beta^{-1}}{2} \int \frac{\mathrm{d}q}{q^2 + \mu_c^2} \tag{4.16}$$

Da $V\beta^{-1}$ klein ist, gilt

$$T_c = T_0 - \frac{\lambda V \beta^{-1}}{2} \int \frac{\mathrm{d}\mathbf{q}}{q^2} + \mathcal{O}\left((V/\beta)^2\right). \tag{4.17}$$

Die neue Übergangstemperatur ist also in der Tat niedriger als die Mean-Field-Übergangstemperatur.

Wir wollen nun Gleichung (4.15) durch die Temperaturdifferenz $\delta T = T - T_c$ von der „echten" Übergangstemperatur T_c ausdrücken:

$$\chi^{-1} = \mu_c^2 + \delta T + \frac{\lambda V \beta^{-1}}{2} \int \frac{\mathrm{d}\mathbf{q}}{q^2 + \chi^{-1}} + \mathcal{O}\left((V/\beta)^2\right)$$

$$\approx \delta T + \frac{\lambda V \beta^{-1}}{2} \int \mathrm{d}\mathbf{q} \left(\frac{1}{q^2 + \chi^{-1}} - \frac{1}{q^2}\right)$$

$$= \delta T - \frac{\lambda V \beta^{-1}}{2} \chi^{-1} \int \frac{\mathrm{d}\mathbf{q}}{q^2 \left(q^2 + \chi^{-1}\right)}. \tag{4.18}$$

Dies bedeutet, daß die Landau-Theorie gültig ist, solange

$$\frac{\lambda V \beta^{-1}}{2} \int \frac{\mathrm{d}\mathbf{q}}{q^2 \left(q^2 + \delta T\right)} \lesssim 1. \tag{4.19}$$

Diese Bedingung, auch *Ginzburg-Kriterium* genannt, ist am Mean-Field-Phasenübergang ($T = T_0 = T_c$) nicht mehr erfüllt. Fluktuationen sind daher zur Beschreibung der Verhältnisse am Phasenübergang essentiell.

Bislang haben wir uns über die Integralgrenzen keine Gedanken gemacht. Es ist intuitiv klar, daß das Verhalten am Phasenübergang von Fluktuationen auf großen Längenskalen, also im Bereich kleiner Wellenzahlen, dominiert wird. Auf kleinen Längenskalen dagegen können wir als Grenze für die von uns betrachteten Fluktuationen zum Beispiel die

Molekülgröße wählen. Ist diese sehr klein, können wir die obere Grenze des Integrals gegen unendlich verschieben. Das Integral in Gleichung (4.15) divergiert aber im Ultravioletten, das heißt für große Wellenzahlen. In der statistischen Feldtheorie führt man daher einen renormierten Parameter $m_1^2 = \chi^{-1}$ ein, der diese Divergenz absorbiert und die Rolle von μ^2 übernimmt, das von m_1^2 in folgender Weise abhängt:

$$\mu^2 = m_1^2 - \frac{\lambda V \beta^{-1}}{2} \int \frac{d\mathbf{q}}{q^2 + m_1^2}. \tag{4.20}$$

Durch Einsetzen dieser Relation in Gleichung (4.14) können wir U vollständig durch den endlichen Parameter m_1^2 ausdrücken[3]:

$$U(\Phi) = \frac{1}{2} m_1^2 \Phi^2 + \frac{\lambda}{4!} \Phi^4 + \frac{V \beta^{-1}}{2} \int d\mathbf{q} \ln \left(q^2 + m_1^2 + \frac{\lambda \Phi^2}{2} \right)$$
$$- \frac{\lambda V \beta^{-1} \Phi^2}{4} \int \frac{d\mathbf{q}}{q^2 + m_1^2}. \tag{4.21}$$

Wie in der Landau-Ginzburg-Näherung erhalten wir die Werte des Ordnungsparameters in der geordneten und der ungeordneten Phase, indem wir U minimieren. Für die Zweipunktvertexfunktion in der isotropen Phase erhalten wir

$$\Gamma^{(2)}(\mathbf{k}) = k^2 + m_1^2. \tag{4.22}$$

Sie besitzt also die gleiche Struktur wie in der Landau-Ginzburg-Näherung, jedoch ersetzt m_1 den Parameter μ.

Dem aufmerksamen Leser ist sicher nicht entgangen, daß in den Kleinheitsparameter $\beta^{-1} V$ die Temperatur linear eingeht. Es stellt sich daher die Frage, welche Temperatur für β^{-1} zu wählen ist. Dazu stellen wir fest, daß die freie Enthalpie (4.21) eine Entwicklung um $\Phi = 0$, das heißt um den Grundzustand der isotropen Phase darstellt. Am Phasenübergang $m_1^2 = 0$, also $T = T_c$, stellt sich eine weitere, geordnete Phase ein. Da wir an Phänomenen *am* Phasenübergang interessiert sind, ist der Parameter $k_B T_c$ ein geeignetes Energiemaß für die Hamiltonfunktion. Der Landau-Parameter μ^2 gibt also an, wie weit wir bei gegebener Übergangstemperatur vom in der jeweiligen Näherung berechneten

---

[3]Terme in höherer Ordnung wurden wieder vernachlässigt.

Phasenübergang entfernt sind:

$$m_1^2 = T - T_c \Leftrightarrow T = m_1^2 + T_c. \tag{4.23}$$

Es sei bemerkt, daß der Mean-Field-Parameter T_0 nur eine *beliebige* Verschiebung der Landau-Temperatur darstellt, während der Parameter T_c durch die Definition einer Energieskala die berechneten Phasenübergangstemperaturen in eine Beziehung zu *gemessenen* Phasenübergangstemperaturen setzt. Wir wählen daher im folgenden den Parameter $\beta^{-1}V$ als freien Parameter, der die Temperatur kennzeichnet, bei der die isotrope Phase stabil wird.

4.4 Die Dyson-Gleichung in der Blauen Phase

Wie schon erwähnt, treten für die Blauen Phasen bei der Anwendung der Einschleifennäherung Probleme auf. Durch die kompliziertere Struktur des Vertex kann die Summation der Einschleifendiagramme in U nicht explizit erfolgen. Das Vorgehen, das BRAZOVSKIĬ zur Berechnung der freien Enthalpie vorgeschlagen hat, werden wir im nächsten Abschnitt darstellen. Hier wollen wir aber noch die Dyson-Gleichung für das System der Blauen Phasen für $k = \kappa$ und $m = 2$ in der isotropen Phase angeben. Sie entspricht Gleichung (4.15) bzw. (4.20):

$$\frac{\Delta}{2} = \frac{\tau}{2} + \frac{\lambda V \beta^{-1}}{6(2\pi)^3} \int d^3q \, \frac{2}{\Delta + (q - \kappa)^2} \left(1 + 2 \left| \mathrm{Sp}\left[\mathbf{M}(\mathbf{q})\mathbf{M}(\mathbf{k}) \right] \right|^2 \right). \tag{4.24}$$

Dem Temperaturparameter μ^2 entspricht gemäß Gleichung (4.10) der Parameter $\tau/2$. $\Delta/2$ ist der renormierte Parameter. Bei den Basistensoren $\mathbf{M}$ haben wir den Helizitätsindex $m = 2$ unterdrückt. Da wir Gleichung (4.24) explizit auswerten wollen, wurde die Normierung $1/(2\pi)^3$ wieder eingeführt. Wir müssen nun noch das Zustandekommen des von den Basistensoren abhängigen Terms erklären. Dazu betrachen wir erneut Abbildung 3.5(a). Den äußeren Beinen weisen wir die Wellenvektoren $\pm\mathbf{k}$ zu, der inneren Linie $\pm\mathbf{q}$. Nun ist der Vertex aber nach Gleichung (4.9) selbst von den Wellenvektoren abhängig. Da die Spur zweier Matrizen bezüglich deren Reihenfolge symmetrisch ist und natürlich auch das Produkt zweier Spuren, erhalten wir die drei folgenden unterschiedlichen Beiträge:

$$\frac{1}{3} \left(\mathrm{Sp}\,[\mathbf{M}(\mathbf{q})\mathbf{M}(-\mathbf{q})]\,\mathrm{Sp}\,[\mathbf{M}(\mathbf{k})\mathbf{M}(-\mathbf{k})] \right.$$

$$+ \mathrm{Sp}\,[\mathbf{M}(\mathbf{q})\mathbf{M}(-\mathbf{k})]\,\mathrm{Sp}\,[\mathbf{M}(\mathbf{k})\mathbf{M}(-\mathbf{q})]$$

$$\left. + \mathrm{Sp}\,[\mathbf{M}(\mathbf{q})\mathbf{M}(\mathbf{k})]\,\mathrm{Sp}\,[\mathbf{M}(-\mathbf{q})\mathbf{M}(-\mathbf{k})] \right) \qquad (4.25)$$

Aufgrund der Orthonormierungsbedingung (2.16) und der Beziehung (2.19) vereinfacht sich dieser Term zu

$$\frac{1}{3} \left(1 + |\mathrm{Sp}\,[\mathbf{M}(\mathbf{k})\mathbf{M}(-\mathbf{q})]|^2 + |\mathrm{Sp}\,[\mathbf{M}(\mathbf{q})\mathbf{M}(\mathbf{k})]|^2 \right) \qquad (4.26)$$

und unter Variablensubstitution[4] $\mathbf{q} \rightarrow -\mathbf{q}$ schließlich zu dem behaupteten Term.

Wie schon beschrieben, besitzt das Integral in Gleichung (4.24) eine Ultraviolettdivergenz. Wir müssen daher einen Abschneideradius (*cut–off*) Λ einführen. Ferner müssen wir beachten, daß das System der Blauen Phasen eine zusätzliche (inverse) Längenskala aufweist: die Chiralität κ. Es ist daher sinnvoll, den Abschneideradius proportional zur Chiralität zu wählen: $\Lambda = n\kappa$. Der Vorfaktor, der von den Basistensoren kommt, hängt nicht vom Betrag von $\mathbf{q}$ ab. Seine Berechnung wird in Box 5 erläutert.

Box 5: Auswertung des Winkelintegrals

Wir wollen das Integral

$$\frac{1}{4\pi} \int_0^{2\pi} \int_0^\pi \left(1 + 2\,|\mathrm{Sp}\,[\mathbf{M}_2(\mathbf{q})\mathbf{M}_2(\mathbf{k})]|^2 \right) \sin\theta\,\mathrm{d}\theta\,\mathrm{d}\varphi \qquad (4.27)$$

berechnen.

---

[4] Es wird über alle $\mathbf{q}$ und $-\mathbf{q}$ integriert.

Box 5: Auswertung des Winkelintegrals (Fortsetzung)

Hierzu wählen wir eine feste lokale Basis $\mathcal{K} = \{\boldsymbol{\xi}_k = \mathbf{e}_x, \boldsymbol{\eta}_k = \mathbf{e}_y, \mathbf{k} = \mathbf{e}_z\}$ zu $\mathbf{k}$ und eine entsprechende variable lokale Basis $\mathcal{Q} = \{\boldsymbol{\xi}_q, \boldsymbol{\eta}_q, \mathbf{q}\}$ zu $\mathbf{q}$. $\mathcal{Q}$ kann man aus $\mathcal{K}$ durch eine Rotation $\mathcal{R}$ gewinnen. Wir benutzen für die Drehung der Basis die Cayley-Klein-Parametrisierung einer Rotationsmatrix. Sie nutzt den Homomorphismus zwischen der Gruppe der speziellen orthogonalen Matrizen in drei Dimensionen $\mathcal{SO}(3)$ und der Gruppe der speziellen unitären Matrizen in zwei Dimensionen $\mathcal{SU}(2)$ aus. Jedem Vektor

$$\mathbf{v} = \sum_i v_i \mathbf{e}_i \in \mathbb{R}^3 \tag{4.28}$$

entspricht eine komplexwertige 2×2-Matrix

$$\mathbf{v} \cdot \boldsymbol{\sigma} = \sum_i v_i \boldsymbol{\sigma}_i. \tag{4.29}$$

Die Wirkung einer Drehmatrix $\mathbf{R} \in \mathcal{SO}(3)$ mit

$$\mathbf{v}' := \mathbf{R}\mathbf{v} \tag{4.30}$$

entspricht dann der einer unitären Matrix $\mathbf{U} \in \mathcal{SU}(2)$ mit $\mathbf{U}\mathbf{U}^\dagger = \mathbf{U}^\dagger\mathbf{U} = \mathbf{1}$ und $\det\mathbf{U} = 1$.

$$\mathbf{v}' \cdot \boldsymbol{\sigma} =: \mathbf{U}\mathbf{v} \cdot \boldsymbol{\sigma}\mathbf{U}^{-1} \quad \forall \mathbf{v} \in \mathbb{R}^3 \tag{4.31}$$

definiert den Homomorphismus zwischen der $\mathcal{SO}(3)$ und der $\mathcal{SU}(2)$. Da

$$(\mathbf{v}')^2 = \det(\mathbf{v}' \cdot \boldsymbol{\sigma}) = \det(\mathbf{v} \cdot \boldsymbol{\sigma}) = \mathbf{v}^2, \tag{4.32}$$

beschreibt $\mathcal{R}$ eine Rotation.

Die allgemeine Darstellung einer speziell-unitären Matrix $\mathbf{U}$ lautet

Box 5: Auswertung des Winkelintegrals (Fortsetzung)

$$\mathsf{U} = \begin{pmatrix} a_0 + \mathrm{i}a_3 & a_2 + \mathrm{i}a_1 \\ -a_2 + \mathrm{i}a_1 & a_0 - \mathrm{i}a_3 \end{pmatrix}$$

$$= a_0 \mathbf{1} + \mathrm{i}a_1 \boldsymbol{\sigma}_x + \mathrm{i}a_2 \boldsymbol{\sigma}_y + \mathrm{i}a_3 \boldsymbol{\sigma}_z. \quad (4.33)$$

Dabei muß gelten

$$\det \mathsf{U} = \sum_{i=0}^{3} a_i^2 = 1, \quad a_i \in \mathbb{R}. \quad (4.34)$$

Andererseits läßt sich eine solche unitäre Rotation darstellen als

$$\mathsf{U}(\theta, \mathbf{n}) = \mathrm{e}^{-\mathrm{i}\frac{\theta}{2}\mathbf{n}\cdot\boldsymbol{\sigma}} = \cos\frac{\theta}{2}\,\mathbf{1} - \mathrm{i}\sin\frac{\theta}{2}\,\mathbf{n}\cdot\boldsymbol{\sigma}, \quad (4.35)$$

wobei $\mathbf{n}$ die Rotationsachse ($\mathbf{n}^2 = 1$), θ den Drehwinkel beschreibt. Durch Koeffizientenvergleich stellen wir fest, daß

$$a_0 = \cos\frac{\theta}{2} \quad (4.36)$$

$$\mathbf{a} = \begin{pmatrix} a_1 \\ a_2 \\ a_3 \end{pmatrix} = -\sin\frac{\theta}{2}\,\mathbf{n}. \quad (4.37)$$

Für die Darstellung der lokalen Basis $\mathcal{Q}$ drehen wir also die Basis $\mathcal{K}$ gemäß der Vorschrift (4.31) und finden nach Koeffizientenvergleich

$$\boldsymbol{\xi}_q = \begin{pmatrix} a_0^2 - a_3^2 - a_2^2 + a_1^2 \\ -2a_0a_3 + 2a_2a_1 \\ 2a_2a_0 + 2a_1a_3 \end{pmatrix} \quad (4.38)$$

$$\boldsymbol{\eta}_q = \begin{pmatrix} 2a_0a_3 + 2a_2a_1 \\ a_0^2 - a_3^2 + a_2^2 - a_1^2 \\ 2a_2a_3 - 2a_1a_0 \end{pmatrix} \quad (4.39)$$

Box 5: Auswertung des Winkelintegrals (Fortsetzung)

$$\mathbf{q} = \begin{pmatrix} -2a_2a_0 + 2a_1a_3 \\ 2a_2a_3 + 2a_1a_0 \\ a_0^2 + a_3^2 - a_2^2 - a_1^2 \end{pmatrix}. \tag{4.40}$$

Um eine eindeutige Abbildung zwischen $\mathcal{K}$ und $\mathcal{Q}$ zu finden, wählen wir die Rotationsachse senkrecht zu $\mathbf{k}$. Damit erhalten wir $n_3 = a_3 = 0$. Es gilt daher

$$\boldsymbol{\xi}_q = \begin{pmatrix} a_0^2 - a_2^2 + a_1^2 \\ 2a_2a_1 \\ 2a_2a_0 \end{pmatrix}, \quad \boldsymbol{\eta}_q = \begin{pmatrix} 2a_2a_1 \\ a_0^2 + a_2^2 - a_1^2 \\ -2a_1a_0 \end{pmatrix},$$

$$\mathbf{q} = \begin{pmatrix} -2a_2a_0 \\ 2a_1a_0 \\ a_0^2 - a_2^2 - a_1^2 \end{pmatrix}. \tag{4.41}$$

θ beschreibt dann den Azimutalwinkel der Rotation. Den Polarwinkel φ legen wir gemäß

$$\mathbf{n} = (-\sin\varphi, -\cos\varphi, 0). \tag{4.42}$$

fest. Nach Definition (2.13) schreiben wir

$$\mathbf{u}_k = \frac{1}{\sqrt{2}} \left(\boldsymbol{\xi}_k + \mathrm{i}\boldsymbol{\eta}_k \right), \quad \mathbf{u}_q = \frac{1}{\sqrt{2}} \left(\boldsymbol{\xi}_q + \mathrm{i}\boldsymbol{\eta}_q \right). \tag{4.43}$$

Es gilt

$$\mathbf{u}_k \cdot \mathbf{u}_q = \frac{1}{2} \left(\boldsymbol{\xi}_k \cdot \boldsymbol{\xi}_q - \boldsymbol{\eta}_k \cdot \boldsymbol{\eta}_q + \mathrm{i} \left(\boldsymbol{\xi}_k \cdot \boldsymbol{\eta}_q + \boldsymbol{\xi}_q \cdot \boldsymbol{\eta}_k \right) \right)$$

$$= -a_2^2 + a_1^2 + 2\mathrm{i}a_1a_2 = (a_1 - \mathrm{i}a_2)^2 = -\sin^2\frac{\theta}{2}\mathrm{e}^{2\mathrm{i}\varphi}. \tag{4.44}$$

Analog findet man

Box 5: Auswertung des Winkelintegrals (Fortsetzung)

$$\mathbf{u}_k \cdot \mathbf{u}_q^* = a_0^2 = \cos^2\frac{\theta}{2} \tag{4.45}$$

$$\mathbf{u}_k \cdot \mathbf{q} = \frac{1}{\sqrt{2}}(-2a_2a_0 + 2\mathrm{i}a_1a_0) = -\frac{1}{\sqrt{2}}\sin\theta\mathrm{e}^{-\mathrm{i}\varphi} \tag{4.46}$$

$$\mathbf{k} \cdot \mathbf{u}_q = \frac{1}{\sqrt{2}}(2a_2a_0 - 2\mathrm{i}a_1a_0) = \frac{1}{\sqrt{2}}\sin\theta\mathrm{e}^{-\mathrm{i}\varphi} \tag{4.47}$$

$$\mathbf{k} \cdot \mathbf{q} = \cos\theta. \tag{4.48}$$

Das Integral (4.27) lautet also

$$\frac{1}{4\pi}\int_0^{2\pi}\int_0^\pi \left(1 + 2\left|\mathrm{Sp}\left[\mathbf{M}_2(\mathbf{q})\mathbf{M}_2(\mathbf{k})\right]\right|^2\right)\sin\theta\mathrm{d}\theta\mathrm{d}\varphi$$

$$= \frac{1}{4\pi}\int_0^{2\pi}\int_0^\pi \left(1 + 2\left|(\mathbf{u}_q \cdot \mathbf{u}_k)^2\right|^2\right)\sin\theta\mathrm{d}\theta\mathrm{d}\varphi$$

$$= \frac{1}{4\pi}\int_0^{2\pi}\int_0^\pi \left(1 + 2\sin^8\frac{\theta}{2}\right)\sin\theta\mathrm{d}\theta\mathrm{d}\varphi = \frac{7}{5}. \tag{4.49}$$

Entsprechend erhält man für die Integrale vom Typ

$$I = \frac{1}{4\pi}\int_0^{2\pi}\int_0^\pi \left(\mathrm{Sp}\left[\mathbf{M}_{m_1}(\mathbf{k})\mathbf{M}_{m_2}^*(\mathbf{k})\right]\mathrm{Sp}\left[\mathbf{M}_{m_4}(\mathbf{q})\mathbf{M}_{m_3}^*(\mathbf{q})\right]\right.$$

$$+ \mathrm{Sp}\left[\mathbf{M}_{m_2}^*(\mathbf{k})\mathbf{M}_{m_3}^*(\mathbf{q})\right]\mathrm{Sp}\left[\mathbf{M}_{m_1}(\mathbf{k})\mathbf{M}_{m_4}(\mathbf{q})\right]$$

$$+ \mathrm{Sp}\left[\mathbf{M}_{m_2}^*(\mathbf{k})\mathbf{M}_{m_4}(\mathbf{q})\right]\mathrm{Sp}\left[\mathbf{M}_{m_3}^*(\mathbf{q})\mathbf{M}_{m_1}(\mathbf{k})\right]\right)\sin\theta\mathrm{d}\theta\mathrm{d}\varphi \tag{4.50}$$

das Ergebnis

$$I = \frac{7}{5}(-1)^{m_1+m_3}\delta_{m_1m_2}\delta_{m_3m_4} + \delta_{m_1m_3}\delta_{m_2m_4} \times$$

$$\times \left(\frac{7}{30}\delta_{m_1\pm2,m_2} + \delta_{m_1\pm1,m_2}\left(\frac{1}{15} + \frac{1}{24}m_1m_2\right)\right)$$

Box 5: Auswertung des Winkelintegrals (Fortsetzung)

$$-\frac{\sqrt{6}}{60}\delta_{m_1\pm1,m_2}\delta_{m_3\pm1,m_4}(\delta_{m_1m_4}+\delta_{m_2m_3}-2\delta_{m_1m_4}\delta_{m_2m_3}).$$

$$(4.51)$$

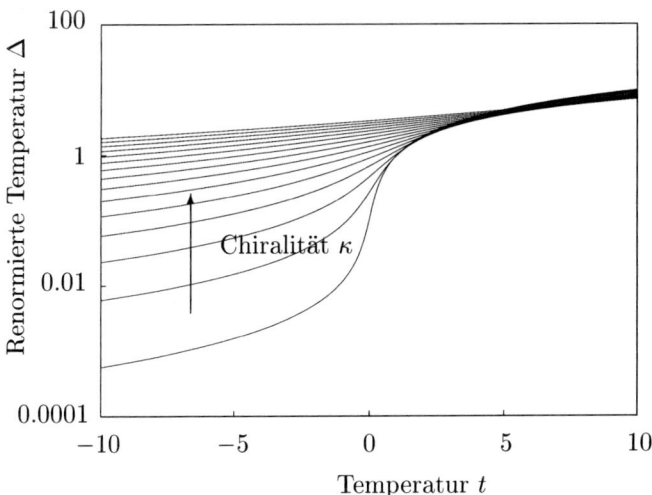

Abbildung 4.2: Renormierte Temperatur Δ in Abhängigkeit von der Temperatur t für Werte von κ zwischen 0.2 und 3.0.

Wir können Gleichung (4.24) mit Gleichung (4.49) vereinfachen:

$$\Delta = \tau + \frac{28\lambda}{15}\Sigma(\Delta), \qquad (4.52)$$

wobei

$$\Sigma(\Delta) = \frac{V\beta^{-1}}{4\pi^2}\int_0^{n\kappa}\frac{q^2\mathrm{d}q}{\Delta+(q-\kappa)^2}$$

$$= \frac{V\beta^{-1}}{4\pi^2}\kappa \left[n - \ln\left(\frac{1 + \kappa^2/\Delta}{1 + (\kappa^2/\Delta)(n-1)^2} \right) - \frac{\sqrt{\Delta}}{\kappa}\left(1 - \frac{\kappa^2}{\Delta} \right) \times \right.$$

$$\left. \times \left(\arctan\left(\frac{\kappa}{\sqrt{\Delta}} \right) + \arctan\left(\frac{\kappa}{\sqrt{\Delta}}(n-1) \right) \right) \right]. \quad (4.53)$$

Gleichung (4.52) wurde schon von BRAZOVSKIĬ in der Näherung $\Delta \ll \kappa$ angegeben, allerdings mit fehlerhaften Koeffizienten [6].

In Abbildung 4.2 ist die Lösung von Gleichung (4.52) gegen die Temperatur t für verschiedene Werte der Chiralität κ in einfach logarithmischem Maßstab aufgetragen. Für kleine Chiralitäten sind zwei unterschiedliche Bereiche zu erkennen: ein Bereich mit kleinen Δ für $t \lesssim 0$ und ein anderer mit großen Δ für $t \gtrsim 0$. Beide Bereiche sind durch einen steilen Anstieg von Δ über mehrere Größenordnungen verbunden. Für große Chiralitäten verbleibt nur noch der Hochtemperaturbereich. Wie in Abschnitt 1.4 beschrieben wurde, stellt die Blaue Phase III eine zweite isotrope Phase dar. Der Phasenübergang zur isotropen Phase endet für große Chiralitäten an einem kritischen Punkt. Etwas Ähnliches beobachten wir hier. Freilich erkennen wir, daß zwischen dem Tief- und dem Hochtemperaturbereich nicht wirklich ein Phasenübergang existiert. $\Delta(t)$ hat immer genau eine Lösung und die Steigung bleibt überall endlich. Wir nennen einen solchen Übergang glatt (*smooth transition*). Eine genauere Interpretation von Abbildung 4.2 werden wir in Unterabschnitt 5.3.5 geben.

In Unterabschnitt 1.3.4 haben wir bemerkt, daß bei kleinen Chiralitäten die Fluktuationen der $m = 1$-Mode eine große Rolle spielen. Diese haben wir bisher nicht berücksichtigt. Wir wollen nun untersuchen, ob sich unter dem Einfluß der $m = 0$- und $m = 1$-Moden ein echter Phasenübergang innerhalb der isotropen Phase ausbilden kann. Da $[G_0]_{m_1 m_2}(\mathbf{k}, -\mathbf{k})$ diagonal in m_1 und m_2 ist, betrachten wir zur Vereinfachung zunächst auch bei der Vertexfunktion $\Gamma^{(2)}_{m_1 m_2}(\mathbf{k}, -\mathbf{k})$ nur die Diagonalelemente. Die verallgemeinerte Dysongleichung lautet dann wegen Gleichung (4.51)

$$\Delta_{mm} = \tau_{mm} + (-1)^m \frac{28\lambda}{15}\left(\Sigma_{00} - \Sigma_{11} + \Sigma_{22} \right) \quad (4.54)$$

mit

$$\tau_{00} = t + \kappa^2, \qquad \tau_{11} = t + \frac{\rho\kappa^2}{2}, \qquad \tau_{22} = \tau = t - \kappa^2 \qquad (4.55)$$

und

$$\Sigma_{00}(\Delta_{00}) = \frac{V\beta^{-1}}{4\pi^2} \int_0^{n\kappa} \frac{q^2 dq}{\Delta_{00} + q^2 - \kappa^2} \qquad (4.56)$$

$$\Sigma_{11}(\Delta_{11}) = \frac{V\beta^{-1}}{4\pi^2} \int_0^{n\kappa} dq\, q^2 \times$$

$$\times \left(\Delta_{11} - \frac{\kappa^2}{2} \frac{(1+\rho)^2}{2+\rho} + \left(1 + \frac{\rho}{2}\right) \left(q - \frac{\kappa}{2+\rho}\right)^2 \right)^{-1} \qquad (4.57)$$

$$\Sigma_{22}(\Delta_{22}) = \Sigma(\Delta) = \frac{V\beta^{-1}}{4\pi^2} \int_0^{n\kappa} \frac{q^2 dq}{\Delta + (q-\kappa)^2}. \qquad (4.58)$$

Aus Gleichung (4.54) liest man ab, daß

$$\Delta_{00} = \Delta_{22} - \tau_{22} + \tau_{00} \qquad (4.59)$$
$$\Delta_{11} = \tau_{11} + \tau_{22} - \Delta_{22}. \qquad (4.60)$$

Δ_{00} und Δ_{11} sind daher linear abhängig von $\Delta_{22} = \Delta$. Damit $\Delta(t)$ mehr als eine Lösung besitzt, muß die Umkehrfunktion $t(\Delta)$ Extrema besitzen. Wir leiten daher Gleichung (4.54) für $m = 2$ nach Δ_{22} ab und erhalten wegen

$$\frac{\partial \Delta_{00}}{\partial \Delta_{22}} = -\frac{\partial \Delta_{11}}{\partial \Delta_{22}} = 1 \qquad (4.61)$$

die Beziehung

$$\frac{\partial \tau}{\partial \Delta_{22}} = 1 - \frac{28\lambda}{15} \left(\frac{\partial \Sigma_{00}}{\partial \Delta_{00}} + \frac{\partial \Sigma_{11}}{\partial \Delta_{11}} + \frac{\partial \Sigma_{22}}{\partial \Delta_{22}} \right). \qquad (4.62)$$

Der letzte Term in Klammern ist aber streng positiv, wie man am Beispiel von Σ_{22} leicht beweist:

$$\frac{\partial \Sigma_{22}}{\partial \Delta_{22}} = -\frac{V\beta^{-1}}{4\pi^2} \int_0^{n\kappa} \frac{q^2 dq}{\left(\Delta + (q-\kappa)^2\right)^2} \qquad (4.63)$$

ist das Integral über eine positive Funktion über dem Raum der positiven reellen Zahlen und damit — unter Berücksichtigung des führenden Minuszeichens — negativ. $t(\Delta)$ ist demzufolge streng monoton steigend und ebenso $\Delta(t)$. Dies bedeutet, daß in Einschleifennäherung auch unter Berücksichtigung der $m = 0$- und $m = 1$-Moden kein echter Phasenübergang zwischen zwei isotropen Phasen auftritt. Wir werden uns daher fortan nur noch mit der $m = 2$-Mode befassen.

4.5   Brazovskiĭs Methode

Während wir die Dysongleichung für die Blauen Phasen problemlos angeben können, stellt uns die Berechnung der freien Enthalpie, wie schon erwähnt, vor größere Probleme. Eine Näherungslösung hat BRAZOVSKIĬ angegeben [7]. Sein Ziel ist es, eine „Dysongleichung" in der geordneten Phase anzugeben. Wir werden zunächst die Theorie BRAZOVSKIĬs in dessen eigener Formulierung darstellen[5]. Dieses Vorgehen ist mit dem entscheidenden Nachteil behaftet, daß es nur die Berechnung von Enthalpiedifferenzen zwischen den freien Enthalpien der geordneten Phasen einerseits und der isotropen Phase andererseits erlaubt und sich nur sehr schwer verallgemeinern läßt. Im Anschluß daran werden wir im nächsten Abschnitt eine alternative Herleitung formulieren, die auf getrennte freie Enthalpien für alle Phasen führt, und schließlich diese Methode auf das System der Blauen Phasen anwenden. Wie ebenfalls bereits erwähnt, hat sich BRAZOVSKIĬ selbst auch schon mit der Anwendung seiner Theorie auf die Blauen Phasen beschäftigt. Seine Arbeit bricht jedoch bei der im letzten Abschnitt vorgestellten Dysongleichung ab. Wir werden am Ende dieses Abschnitts verstehen, auf welche Schwierigkeiten BRAZOVSKIĬ[6] gestoßen ist.

---

[5]Wir beschränken uns dabei auf die reine Methodik. Die verwendeten Symbole passen wir an unsere Konvention an. Es sei bemerkt, daß die zitierte Arbeit vieles im unklaren läßt, wie zum Beispiel den verwendeten Abschneideradius oder die bei der Integration verwendeten Näherungen. Außerdem lassen sich viele Druckfehler und — durch die Übersetzung aus dem Russischen — Unklarheiten finden.

[6]sehr wahrscheinlich

Ausgangspunkt ist eine Hamiltonfunktion der Form

$$\mathcal{H}[\phi] = \frac{1}{2} \sum_{\mathbf{p}} [t + (p - p_0)^2] \phi_{\mathbf{p}}^{\alpha} \phi_{-\mathbf{p}}^{\alpha} + \frac{\lambda}{4!} \sum_{\substack{\mathbf{p}_1 + \mathbf{p}_2 \\ + \mathbf{p}_3 + \mathbf{p}_4 = 0}} \phi_{\mathbf{p}_1}^{\alpha} \phi_{\mathbf{p}_2}^{\alpha} \phi_{\mathbf{p}_3}^{\beta} \phi_{\mathbf{p}_4}^{\beta},$$

(4.64)

also bis auf die Verschiebung des Minimums des quadratischen Beitrags eine gewöhnliche ϕ^4-Theorie mit d-dimensionalem Ordnungsparameter. Für die Zweipunktvertexfunktion in der isotropen Phase gibt BRAZOV-SKIĬ

$$\Gamma_{\alpha\beta}^{(2)}(p) = \left(\Delta + (p - p_0)^2\right) \delta_{\alpha\beta}$$

(4.65)

mit

$$\Delta = t + \alpha\lambda\Delta^{-1/2}, \quad \alpha = \frac{p_0^2 V}{4\pi\beta}$$

(4.66)

an, wie wir das schon in Abschnitt 4.3 gesehen haben. Für m_1^2 schreiben wir hier und fortan immer Δ. Durch die Schreibweise soll direkt die lineare Temperaturabhängigkeit (wie auch schon beim Landau-Parameter t) zum Ausdruck kommen. Die Integration

$$\int \frac{\mathrm{d}\mathbf{p}}{\Delta + (p - p_0)^2},$$

(4.67)

im folgenden auch Selbstenergieintegral[7] genannt, wird[8] in der Näherung $\Delta \ll p_0^2$ durchgeführt, der Abschneideradius $\Lambda = \infty$ gewählt.

In der isotropen Phase gilt $\overline{\phi}_i = \langle \phi_i \rangle = 0$. In der geordneten Phase dagegen ist $\langle \phi_i \rangle \neq 0$. Um die Korrelationsfunktion und damit auch die freie Enthalpie in der geordneten Phase berechnen zu können, führt BRAZOVSKIĬ das Feld $\psi_i = \phi_i - \overline{\phi}_i$ mit $i = (\mathbf{p}_i, \alpha_i)$ ein. Dabei gilt jetzt $\langle \psi_i \rangle = 0$ auch in der geordneten Phase. Durch Vergleich der Gleichungen (4.65) und (4.66) mit den Gleichungen (4.20) und (4.22) versteht man, daß die Mittelung $\langle \cdot \rangle$ über einen Gaußschen Hamiltonian

---

[7]Der Begriff kommt aus der Quantenfeldtheorie.

[8]vermutlich; BRAZOVSKIĬ sagt selbst überhaupt nichts über die Integrationsmethode oder den Abschneideradius aus.

vollzogen wird. In $\mathcal{H}[\phi]$ zerlegen wir nun ϕ_i in die Felder $\overline{\phi}_i$ und ψ_i und erhalten

$$\mathcal{H}[\overline{\phi}_i, \psi_i] = \mathcal{H}[\psi_i] + \sum_i \psi_i \left[\sum_j t_{ij}\overline{\phi}_j + \frac{1}{6}\sum_{jkl}\lambda_{ijkl}\overline{\phi}_j\overline{\phi}_k\overline{\phi}_l \right]$$

$$+ \frac{1}{2}\sum_{ij}\psi_i\psi_j \sum_{kl}\frac{1}{2}\lambda_{ijkl}\overline{\phi}_k\overline{\phi}_l + \frac{1}{6}\sum_{ijk}\psi_i\psi_j\psi_k \sum_l \overline{\phi}_l$$

$$+ \frac{1}{2}\sum_{ij}t_{ij}\overline{\phi}_i\overline{\phi}_j + \frac{1}{24}\sum_{ijkl}\lambda_{ijkl}\overline{\phi}_i\overline{\phi}_j\overline{\phi}_k\overline{\phi}_l \qquad (4.68)$$

mit den Abkürzungen

$$t_{ij} = \left[t + (p - p_0)^2 \right]\delta_{\mathbf{p}_i + \mathbf{p}_j, 0}\delta_{\alpha_i \alpha_j} \quad \text{und} \qquad (4.69)$$

$$\lambda_{ijkl} = \frac{\lambda}{3}\delta_{\mathbf{p}_i + \mathbf{p}_j + \mathbf{p}_k + \mathbf{p}_l, 0}\left(\delta_{\alpha_i \alpha_j}\delta_{\alpha_k \alpha_l} + \delta_{\alpha_i \alpha_k}\delta_{\alpha_j \alpha_l} + \delta_{\alpha_i \alpha_l}\delta_{\alpha_j \alpha_k} \right).$$
$$(4.70)$$

Wir berechnen nach Gleichung (3.63) das konjugierte Feld J_{-i} mit $-i := (-\mathbf{p}_i, \alpha_i)$:

$$\beta^{-1}J_{-i} = \frac{\delta F}{\delta\overline{\phi}_{-i}} \overset{?}{=} \left\langle \left. \frac{\delta\mathcal{H}[\overline{\phi}, \psi]}{\delta\overline{\phi}_{-i}} \right|_{t=\text{const.}} \right\rangle. \qquad (4.71)$$

Die letzte Umformung ist nur dann korrekt, wenn die Mittelung über der vollen Hamiltonfunktion durchgeführt wird, wie im Folgenden gezeigt werden wird. Nach Gleichung (3.62) gilt

$$F = \beta^{-1}\sum_i \overline{\phi}_i J_{-i} - \mathcal{G}[\mathbf{J}] = \beta^{-1}\sum_i \overline{\phi}_i J_{-i} - \beta^{-1}\ln Z[\mathbf{J}]. \qquad (4.72)$$

Bezüglich der Pfadintegration ist $\overline{\phi}_i$ ein fester Pfad; daher kann man auf eine Integration über ψ übergehen:

$$Z[\mathbf{J}] = \int D\phi\exp\left(-\beta\mathcal{H}[\overline{\phi}, \psi] + \sum_i \overline{\phi}_i J_{-i} \right)$$

$$= \int D\psi\exp\left(-\beta\mathcal{H}[\overline{\phi}, \psi] + \sum_i \overline{\phi}_{-i} J_i \right). \qquad (4.73)$$

Durch Ableiten der freien Enthalpie nach $\overline{\phi}$ ergibt sich die behauptete Aussage:

$$\frac{\delta F}{\delta \overline{\phi}_{-i}} = \frac{1}{Z} \int \mathrm{D}\psi \left(\frac{\delta \mathcal{H}[\overline{\phi}, \psi]}{\delta \overline{\phi}_{-i}} \exp\left(-\beta \mathcal{H}[\overline{\phi}, \psi] + \sum_i \overline{\phi}_{-i} J_i \right) \right)$$

$$-\beta^{-1} J_i + \beta^{-1} J_i = \left\langle \frac{\delta \mathcal{H}[\overline{\phi}, \psi]}{\delta \overline{\phi}_{-i}} \right\rangle_{\mathcal{H}}. \quad (4.74)$$

Hier wird also über die volle Hamiltonfunktion gemittelt. BRAZOV-SKIĬ geht im folgenden aber auf eine Gaußsche Hamiltonfunktion über. Gleichung (4.71) gilt dann nur näherungsweise:

$$\beta^{-1} J_i \approx \left\langle \frac{\delta \mathcal{H}[\overline{\phi}, \psi]}{\delta \overline{\phi}_{-i}} \right\rangle_{\mathcal{H}_{\mathrm{Gauß}}}. \quad (4.75)$$

Wir wollen das konjugierte Feld nun für die Hamiltonfunktion (4.68) berechnen:

$$\beta^{-1} J_i = \frac{1}{6} \sum_{jkl} \lambda_{-i,jkl} \overline{\phi}_j \overline{\phi}_k \overline{\phi}_l + \sum_j t_{-i,j} \overline{\phi}_j$$

$$+ \frac{1}{2} \sum_{jkl} \lambda_{-i,jkl} \langle \psi_k \psi_l \rangle \overline{\phi}_j + \frac{1}{6} \sum_{jkl} \lambda_{-i,jkl} \langle \psi_j \psi_k \psi_l \rangle. \quad (4.76)$$

Die Dreiteilchenkorrelationsfunktion wird von BRAZOVSKIĬ als Term höherer Ordnung vernachlässigt. Allerdings verschwindet dieser Term bei einer Mittelung über eine Gaußsche Hamiltonfunktion nach dem Wickschen Theorem (vergleiche Abschnitt 3.1) ohnehin. Die Zweiteilchenkorrelationsfunktion dagegen ist nach dem Ergebnis von Box 3 in Abschnitt 3.1 proportional zum freien Propagator. Mit der Definition

$$\Sigma_{\alpha\beta} = \frac{V\beta^{-1}}{(2\pi)^3} \int \mathrm{d}\mathbf{p} \left[G_0^\Delta \right]_{\alpha\beta} (\mathbf{p}, -\mathbf{p}), \quad G_0^\Delta = \frac{1}{\Delta + (p - p_0)^2} \quad (4.77)$$

ergibt sich unter Verwendung der Einsteinschen Summenkonvention (mit $p = p_0$)

$$\beta^{-1} J_{\mathbf{p}}^\alpha = t\phi_{\mathbf{p}}^\alpha + \frac{\lambda}{6} \overline{\phi}_{\mathbf{p}}^\nu [\Sigma_{\mu\mu} \delta_{\alpha\nu} + 2\Sigma_{\alpha\nu}] + \frac{\lambda}{6} \sum_{\mathbf{p}_1 \mathbf{p}_2} \overline{\phi}_{\mathbf{p}_1}^\nu \overline{\phi}_{\mathbf{p}_2}^\nu \overline{\phi}_{\mathbf{p}-\mathbf{p}_1-\mathbf{p}_2}^\alpha.$$

$$(4.78)$$

Die Zweipunktvertexfunktion ist die zweite Ableitung der freien Enthalpie nach $\overline{\phi}$ und daher können wir mit Gleichung (4.71) die Zweipunktvertexfunktion für die geordnete Phase angeben:

$$\Gamma^{(2)}_{\alpha\beta}(\mathbf{p},-\mathbf{p}) = \frac{\delta J^{\alpha}_{\mathbf{p}}}{\delta \overline{\phi}^{\beta}_{-\mathbf{p}}} = \left[t + (p - p_0)^2\right] \delta_{\alpha\beta}$$

$$+ \frac{\lambda}{6} \left[\Sigma_{\mu\mu}\delta_{\alpha\beta} + 2\Sigma_{\alpha\beta}\right] + \frac{\lambda}{6} \left[\overline{\phi}^{\nu}_{\mathbf{p}}\overline{\phi}^{\nu}_{-\mathbf{p}}\delta_{\alpha\beta} + 2\overline{\phi}^{\alpha}_{\mathbf{p}}\overline{\phi}^{\beta}_{-\mathbf{p}}\right]. \quad (4.79)$$

Für $\overline{\phi} = 0$ geht Gleichung (4.79) in Gleichung (4.65) über.

Wir wollen jetzt die freie Enthalpie für die geordnete Phase berechnen. Dazu setzen wir die Gleichung für die Zweipunktvertexfunktion in Gleichung (4.78) für das konjugierte Feld ein (und setzen $p = p_0$):

$$\beta^{-1} J^{\alpha}_{\mathbf{p}} = \beta^{-1}\Gamma^{(2)}_{\alpha\nu}(p_0)\overline{\phi}^{\nu}_{\mathbf{p}} + \frac{\lambda}{6} \sum_{\mathbf{p}_1 \mathbf{p}_2} \overline{\phi}^{\nu}_{\mathbf{p}_1} \overline{\phi}^{\nu}_{\mathbf{p}_2} \overline{\phi}^{\alpha}_{\mathbf{p}-\mathbf{p}_1-\mathbf{p}_2}$$

$$- \frac{\lambda}{6} \sum_{\mathbf{p}_1} \left[\overline{\phi}^{\nu}_{\mathbf{p}_1} \overline{\phi}^{\nu}_{-\mathbf{p}_1} \overline{\phi}^{\alpha}_{\mathbf{p}} + 2\overline{\phi}^{\alpha}_{\mathbf{p}_1} \overline{\phi}^{\nu}_{-\mathbf{p}_1} \overline{\phi}^{\nu}_{\mathbf{p}}\right]. \quad (4.80)$$

BRAZOVSKIĬ folgend erläutern wir die Berechnung der freien Enthalpie am Beispiel einer Struktur, die durch einen Satz von $2m$ Vektoren $\{\pm\mathbf{p_i}\}$, $(i = 1, \dots, m)$ charakterisiert ist:

$$\overline{\phi}(\mathbf{r}) = 2 \sum_i a_i \cos\mathbf{p}_i \cdot \mathbf{r}. \quad (4.81)$$

Für das konjugierte Feld und den Zweipunktvertex berechnen wir dann

$$\beta^{-1} J_i = \Delta a_i + \frac{1}{6}\lambda a_i^3 - \frac{1}{3}\lambda a_i \sum_j a_j^2 \quad (4.82)$$

$$\Delta = t + \frac{\alpha\lambda}{\Delta^{1/2}} + \frac{\lambda}{2} \sum_j a_j^2. \quad (4.83)$$

Gleichung (4.83) ist die Dysongleichung für die geordneten Phasen. Sie entspricht Gleichung (4.66) für die isotrope Phase.

Aus der Minimierungsbedingung (3.65) folgt für stabile Strukturen im Gleichgewicht

$$a_i^2 = \frac{6}{4m-1} \frac{\Delta}{\lambda} =: a^2 \quad (4.84)$$

und daher gilt für die Dysongleichung

$$t + \frac{\alpha\lambda}{\Delta^{1/2}} + \frac{2m+1}{4m-1}\Delta = 0. \tag{4.85}$$

Nach den Gleichungen (3.63) und (4.82) gilt

$$\frac{\partial F}{\partial a} = \beta^{-1} \sum_{\mathbf{p}} J_{\mathbf{p}} = ma\left(2\Delta + \frac{1-4m}{3}\lambda a^2\right). \tag{4.86}$$

Für die Differenz der freien Enthalpien der geordneten und der isotropen Phase finden wir also durch Integration des konjugierten Feldes

$$\Delta F = \int_0^a \frac{\partial F}{\partial a'}\mathrm{d}a' = 2m\int_0^a \Delta(a')a'\mathrm{d}a' + \frac{\lambda m}{12}(1-4m)a^4. \tag{4.87}$$

Zur Berechnung des Integrals müssen wir beachten, daß für eine gegebene Temperatur t nur die Grenzen des Integrals Gleichgewichtszuständen entsprechen. Diese werden daher durch Gleichung (4.84) bestimmt. Die Werte a' im Integrationsintervall dagegen entsprechen Nichtgleichgewichtszuständen. Sie müssen deshalb aus Gleichung (4.83) berechnet werden. Aufgrund dessen drücken wir a^4 durch Δ gemäß Gleichung (4.84) aus. Das verbleibende Integral transformieren wir in ein Integral über Δ, indem wir $\mathrm{d}a'/\mathrm{d}\Delta$ nun aus Gleichung (4.83) (und nicht (4.84))bestimmen:

$$1 = -\frac{\alpha\lambda}{2\Delta^{3/2}} + 2m\lambda a\frac{\mathrm{d}a}{\mathrm{d}\Delta}, \tag{4.88}$$

also

$$\frac{\mathrm{d}a}{\mathrm{d}\Delta} = \frac{1 + \alpha\lambda/2\Delta^{3/2}}{2m\lambda a} \tag{4.89}$$

und schließlich

$$\Delta F = 2m\int_{\Delta_0}^{\Delta} \Delta(a')a'\frac{\mathrm{d}a'}{\mathrm{d}\Delta}\mathrm{d}\Delta + \frac{\lambda m}{12}(1-4m)a^4$$

$$= \frac{1}{2\lambda}\left(\frac{4m-7}{4m-1}\Delta^2 - \Delta_0^2\right) + \alpha(\sqrt{\Delta} - \sqrt{\Delta_0}). \tag{4.90}$$

Für gegebenes t werden Δ für die geordnete Phase und $\Delta_0 = \Delta(m = 0)$ für die isotrope Phase aus Gleichung (4.85) bestimmt. Tatsächlich ist es uns (mit BRAZOVSKIĬ) gelungen, einen Ausdruck für die freie Enthalpie herzuleiten. Die vorgestellte Methode hat jedoch entscheidende Nachteile: Sie ist technisch aufwendig und schwer zu verallgemeinern. Beispielsweise muß zunächst der Wert des Ordnungsparameters wie in Gleichung (4.84) bestimmt werden, bevor die freie Enthalpie berechnet werden kann. Dies führt zu großen Problemen, sobald der Ordnungsparameter nicht mehr nur eine Amplitude besitzt, sondern, wie im Fall der Blauen Phasen, bis zu vier. Sie läßt sich außerdem nicht mit Gleichung (4.21) vergleichen. Insbesondere läßt sich die Energie der isotropen Phase nicht mehr von der Energie der geordneten Phase trennen. Gleichung (4.90) gibt nur eine freie Enthalpiedifferenz an. Damit sind auch die Korrekturen der Fluktuationen zur freien Enthalpie in Mean-Field-Näherung nicht mehr deutlich zu erkennen. Im nächsten Abschnitt werden wir eine vereinfachte Methode vorstellen, die auf BRAZOVSKIĬs Methode aufbaut.

4.6   Verbesserungen zu Brazovskiĭs Methode

Ausgehend von BRAZOVSKIĬs Methode entwickeln wir nun eine vereinfachte Methode, die es uns erlaubt, in einer mit der BRAZOVSKIĬschen Näherung konsistenten Weise freie Enthalpien für die geordneten Phasen und die isotropen Phasen getrennt zu berechnen (also keine Enthalpiedifferenzen), ohne daß der Wert des Ordnungsparameters vorher ermittelt werden muß. Dies erleichtert die numerische Berechnung der Minima der freien Enthalpie erheblich. Insbesondere sind wir nun in der Lage, auch für kompliziertere Hamiltonfunktionen direkt die freie Enthalpie anzugeben. Im nächsten Abschnitt werden wir diese Methode auf die Blauen Phasen anwenden.

Wie BRAZOVSKIĬ starten wir von der Hamiltonfunktion (4.64) und dem Feld $\psi_i = \phi_i - \overline{\phi}_i$. Wir vereinbaren eine Mittelung über eine Gaußschen Hamiltonfunktion, so daß Gleichung (4.65) gilt. Dann wissen wir unmittelbar, daß die Korrelationsfunktionen mit ungerader Ordnung nach dem Wickschen Theorem verschwinden. Dies vorwegnehmend, schreiben wir Gleichung (4.68) als

$$\overline{\mathcal{H}}[\overline{\phi}_i, \psi_i] = \mathcal{H}[\psi_i] + \frac{1}{2} \sum_{ij} \psi_i \psi_j \sum_{kl} \frac{1}{2} \lambda_{ijkl} \overline{\phi}_k \overline{\phi}_l + \mathcal{H}[\overline{\phi}_i]. \qquad (4.91)$$

Für das konjugierte Feld J_i erhalten wir nach Gleichung (4.75) näherungsweise

$$\beta^{-1} J_i = \frac{1}{2} \sum_{jkl} \lambda_{-i,jkl} \langle \psi_k \psi_l \rangle \overline{\phi}_j + \frac{\partial \mathcal{H}[\overline{\phi}]}{\partial \overline{\phi}_{-i}}, \qquad (4.92)$$

also mit der Definition (4.77) der Selbstenergie

$$\beta^{-1} J_{\mathbf{p}}^{\alpha} = \frac{\partial \mathcal{H}[\overline{\phi}]}{\partial \overline{\phi}_{-\mathbf{p}}^{\alpha}} + \frac{\lambda}{6} \overline{\phi}_{\mathbf{p}}^{\nu} \left[\Sigma_{\mu\mu} \delta_{\alpha\nu} + 2\Sigma_{\alpha\nu} \right]$$

$$= \frac{\partial \mathcal{H}[\overline{\phi}]}{\partial \overline{\phi}_{-\mathbf{p}}^{\alpha}} + \frac{\lambda}{6} \overline{\phi}_{\mathbf{p}}^{\nu} \left[\Sigma_{\mu\mu} \delta_{\alpha\nu} + 2\Sigma_{\alpha\nu} \right] \qquad (4.93)$$

und für die Dysongleichung (Summation über wiederholte Indizes vorausgesetzt, vergleiche Gleichung (4.79))

$$\Delta_{\alpha\beta} = t\delta_{\alpha\beta} + \frac{\lambda}{6} \left[\Sigma_{\mu\mu} \delta_{\alpha\beta} + 2\Sigma_{\alpha\beta} \right] + \frac{\lambda}{6} \left[\overline{\phi}_{\mathbf{p}}^{\mu} \overline{\phi}_{-\mathbf{p}}^{\mu} \delta_{\alpha\beta} + 2\overline{\phi}_{\mathbf{p}}^{\alpha} \overline{\phi}_{-\mathbf{p}}^{\beta} \right]. \qquad (4.94)$$

Sicher gilt für die freie Enthalpie in Mean-Field-Näherung

$$F^{\mathrm{MF}}[\overline{\phi}] = \mathcal{H}[\overline{\phi}]. \qquad (4.95)$$

Die Korrektur durch Fluktuationen zur freien Enthalpie erhält man daher durch Integration des letzten Terms in Gleichung (4.93) nach $\overline{\phi}_{-\mathbf{p}}^{\alpha}$:

$$F - F^{\mathrm{MF}} = \frac{\lambda}{6} \int_0^{\overline{\phi}_{-\mathbf{p}}^{\alpha}} \mathrm{d}\overline{\phi}_{-\mathbf{p}}^{\prime\,\alpha} \overline{\phi}_{\mathbf{p}}^{\prime\,\nu} \left[\Sigma_{\mu\mu} \delta_{\alpha\nu} + 2\Sigma_{\alpha\nu} \right]. \qquad (4.96)$$

Wir können dieses Integral in einfacher Weise aus Gleichung (4.94) berechnen. Die Idee besteht darin, die Dysongleichung zuerst nach $\Delta_{\alpha\beta}$ abzuleiten, danach mit der Selbstenergie zu multiplizieren und schließlich wieder über $\Delta_{\alpha\beta}$ zu integrieren. Dann ergibt der *letzte* Term der

Dysongleichung genau das gewünschte Integral. Die übrigen Terme aber hängen nicht mehr von $\overline{\phi}$ ab, was auf eine sehr einfache Form der freien Enthalpie führen wird. Dazu leiten wir Gleichung (4.94) nach $\Delta_{\gamma\delta}$ ab,

$$
\begin{aligned}
\delta_{\alpha\gamma}\delta_{\beta\delta} &= \frac{\lambda}{6}\left[\frac{\partial\Sigma_{\mu\mu}}{\partial\Delta_{\gamma\delta}}\delta_{\alpha\beta} + 2\frac{\partial\Sigma_{\alpha\beta}}{\partial\Delta_{\gamma\delta}}\right] \\
&+ \frac{\lambda}{6}\left[2\overline{\phi}^{\mu}_{-\mathbf{P}}\frac{\partial\overline{\phi}^{\mu}_{\mathbf{P}}}{\partial\Delta_{\gamma\delta}}\delta_{\alpha\beta} + 2\left(\overline{\phi}^{\alpha}_{\mathbf{P}}\frac{\partial\overline{\phi}^{\beta}_{-\mathbf{P}}}{\partial\Delta_{\gamma\delta}} + \overline{\phi}^{\beta}_{-\mathbf{P}}\frac{\partial\overline{\phi}^{\alpha}_{\mathbf{P}}}{\partial\Delta_{\gamma\delta}}\right)\right]
\end{aligned}
\tag{4.97}
$$

und wenden darauf den Operator

$$
\beta^{-1}V\int\frac{\mathrm{d}^3k}{(2\pi)^3}[G^{\Delta}_0]_{\alpha\beta}(\mathbf{k},-\mathbf{k})
\tag{4.98}
$$

an. Wie man leicht nachrechnet, „wirkt" dieser Operator hier immer wie eine Multiplikation mit $\Sigma_{\alpha\beta}$, da keine freien Wellenvektor-Indizes in der Dysongleichung (4.94) auftreten:

$$
\begin{aligned}
\Sigma_{\gamma\delta} &= \frac{\lambda}{6}\left[\frac{\partial\Sigma_{\mu\mu}}{\partial\Delta_{\gamma\delta}}\Sigma_{\alpha\alpha} + 2\frac{\partial\Sigma_{\alpha\beta}}{\partial\Delta_{\gamma\delta}}\Sigma_{\alpha\beta}\right] \\
&+ \frac{\lambda}{6}\left[2\overline{\phi}^{\mu}_{-\mathbf{P}}\frac{\partial\overline{\phi}^{\mu}_{\mathbf{P}}}{\partial\Delta_{\gamma\delta}}\Sigma_{\alpha\alpha} + 2\left(\overline{\phi}^{\alpha}_{\mathbf{P}}\frac{\partial\overline{\phi}^{\beta}_{-\mathbf{P}}}{\partial\Delta_{\gamma\delta}} + \overline{\phi}^{\beta}_{-\mathbf{P}}\frac{\partial\overline{\phi}^{\alpha}_{\mathbf{P}}}{\partial\Delta_{\gamma\delta}}\right)\Sigma_{\alpha\beta}\right].
\end{aligned}
\tag{4.99}
$$

Wir müssen nun noch über $\Delta_{\gamma\delta}$ integrieren und erhalten nach Multiplikation mit $1/2$ unter Verwendung von $\Sigma_{\alpha\beta} = \Sigma_{\beta\alpha}$

$$
\begin{aligned}
\frac{1}{2}\int\Sigma_{\gamma\delta}\mathrm{d}\Delta_{\gamma\delta} &= \frac{\lambda}{12}\left[\int\Sigma_{\alpha\alpha}\mathrm{d}\Sigma_{\mu\mu} + 2\int\Sigma_{\alpha\beta}\mathrm{d}\Sigma_{\alpha\beta}\right] \\
&+ \frac{\lambda}{6}\int\overline{\phi}^{\mu}_{\mathbf{P}}\left[\Sigma_{\alpha\alpha}\delta_{\mu\beta} + 2\Sigma_{\mu\beta}\right]\mathrm{d}\overline{\phi}^{\beta}_{-\mathbf{P}}.
\end{aligned}
\tag{4.100}
$$

Der zweite Term auf der rechten Seite entspricht gerade dem gesuchten Integral aus Gleichung (4.96). Für die freie Enthalpie erhalten wir dann

$$
F - F^{\mathrm{MF}} = \frac{1}{2}\int\Sigma_{\gamma\delta}\mathrm{d}\Delta_{\gamma\delta} - \frac{\lambda}{12}\left[\int\Sigma_{\alpha\alpha}\mathrm{d}\Sigma_{\mu\mu} + \Sigma_{\alpha\beta}\Sigma_{\alpha\beta}\right].
\tag{4.101}
$$

Wir haben damit für die Hamiltonfunktion (4.64) eine allgemeine Formel für die freie Enthalpie unter Berücksichtigung von Fluktuationen hergeleitet. Im Gegensatz zur BRAZOVSKIĬschen Methode müssen die Korrekturen zur Mean-Field-Energie also nicht für jede Phase getrennt berechnet werden, denn die Beiträge hängen nur von der fluktuierenden Größe Δ ab, nicht vom Gleichgewichtsordnungsparameter $\overline{\phi}_i$. Allerdings sind Δ und $\overline{\phi}_i$ über die Dysongleichung (4.94) voneinander abhängig. Es ist zu bemerken, daß das Integral $\int \Sigma_{\alpha\alpha} \mathrm{d}\Sigma_{\mu\mu}$ nicht trivial zu berechnen ist, da die unterschiedlichen Selbstenergiebeiträge über eine Gleichung (4.54) entsprechende Beziehung miteinander verknüpft sind.

Am Spezialfall eines skalaren Feldes,

$$F - F^{\mathrm{MF}} = \frac{1}{2} \int \Sigma(\Delta') \mathrm{d}\Delta' - \frac{\lambda}{8} \Sigma(\Delta)^2 \qquad (4.102)$$

$$\Delta = t + \frac{\lambda\Sigma}{2} + \frac{\lambda}{2} \sum_{\mathbf{p}} \overline{\phi}_{\mathbf{p}} \overline{\phi}_{-\mathbf{p}} \qquad (4.103)$$

$$\Sigma(\Delta) = \frac{2\alpha}{\sqrt{\Delta}}, \qquad (4.104)$$

wollen wir nun das Ergebnis der vereinfachten Methode mit dem BRAZOVSKIĬschen Ergebnis einerseits und der Einschleifennäherung andererseits vergleichen.

Zunächst zeigen wir am Beispiel einer eindimensionalen Struktur, daß unsere freie Enthalpie identisch mit der von BRAZOVSKIĬ angegebenen ist. Dazu berechnen wir die freie Enthalpiedifferenz aus Gleichung (4.102) mit dem Ordnungsparameter (4.81) aus dem letzten Abschnitt und $m = 1$:

$$\Delta F = F(a) - F(0) = ta^2 + \frac{\lambda}{4}a^4$$

$$+ 2\alpha(\sqrt{\Delta} - \sqrt{\Delta_0}) - \frac{\lambda a^2}{2}\left(\frac{1}{\Delta} - \frac{1}{\Delta_0}\right). \quad (4.105)$$

In der geordneten bzw. der isotropen Phase gilt nach Gleichung (4.94) bzw. Gleichung (4.83)

$$\Delta = t + \alpha\lambda\Delta^{-1/2} + \lambda a^2, \qquad \Delta_0 = t + \alpha\lambda\Delta_0^{-1/2}. \qquad (4.106)$$

Wir quadrieren die Gleichung für die geordnete Phase und ersetzen anschließend den linearen Term in t durch Δ und erhalten so

$$\frac{\alpha^2\lambda}{2\Delta} = \frac{1}{2\lambda}\left(\Delta^2 + t^2 + \lambda^2 a^4 - 2\Delta t - 2\Delta\lambda a^2 + 2t\lambda a^2\right)$$

$$= \frac{1}{2\lambda}\left(-\Delta^2 + t^2 + \lambda^2 a^4 + 2\alpha\lambda\sqrt{\Delta} + 2t\lambda a^2\right)$$

$$= \frac{-\Delta^2 + t^2}{2\lambda} + \frac{\lambda}{2}a^4 + \alpha\sqrt{\Delta} + ta^2. \qquad (4.107)$$

Den quartischen Term ersetzen wir mit Hilfe von Gleichung (4.84) für $m = 1$:

$$\frac{\alpha^2\lambda}{2\Delta} = \frac{-\Delta^2 + t^2}{2\lambda} + \frac{2\Delta^2}{\lambda} + \alpha\sqrt{\Delta} + ta^2. \qquad (4.108)$$

Analog ergibt sich für die isotrope Phase

$$\frac{\alpha^2\lambda}{2\Delta_0} = \frac{-\Delta_0^2 + t^2}{2\lambda} + \alpha\sqrt{\Delta_0}. \qquad (4.109)$$

Damit schreiben wir die freie Enthalpiedifferenz als

$$\Delta F = \alpha(\sqrt{\Delta} - \sqrt{\Delta_0}) - \frac{1}{2\lambda}(\Delta^2 + \Delta_0^2). \qquad (4.110)$$

Dies ist aber genau Gleichung (4.90) aus BRAZOVSKIĬs Methode für $m = 1$.

Wir sind jetzt in der Lage, die freien Enthalpien der einzelnen Phasen zu berechnen. Mit der von BRAZOVSKIĬ ursprünglich vorgeschlagenen Methode konnten wir ja nur Enthalpiedifferenzen angeben. Wir können nun aber auch die freie Enthalpie (4.102) aus BRAZOVSKIĬs Methode mit dem Ergebnis der Einschleifennäherung (4.21) vergleichen. Dabei fallen zwei wichtige Unterschiede auf: Zum einen werden bei BRAZOVSKIĬs Methode keine Korrekturen zu höheren Vertexfunktionen als der Zweipunktvertexfunktion berücksichtigt. Durch Ableiten zeigt man, daß die Korrekturen zur freien Enthalpie genau der Zweipunktvertexfunktion entsprechen:

$$\frac{\mathrm{d}F}{\mathrm{d}\overline{\phi}_{\mathbf{p}}} = \frac{\partial F}{\partial\overline{\phi}_{\mathbf{p}}} + \frac{\partial F}{\partial\Delta}\frac{\mathrm{d}\Delta}{\mathrm{d}\overline{\phi}_{\mathbf{p}}}. \qquad (4.111)$$

Die partielle Ableitung nach $\overline{\phi}_{\mathbf{p}}$ wirkt nur auf den „Mean-Field-Beitrag" F^{MF} der freien Enthalpie. Der zweite Summand enthält die Korrekturen:

$$\frac{\partial F}{\partial \Delta}\frac{\mathrm{d}\Delta}{\mathrm{d}\overline{\phi}_{\mathbf{p}}} = \left(\frac{\Sigma}{2} - \frac{\lambda\Sigma}{4}\frac{\partial\Sigma}{\partial\Delta}\right)\left(\frac{\lambda\overline{\phi}_{-\mathbf{p}}}{1-(\lambda/2)(\partial\Sigma/\partial\Delta)}\right) = \frac{\lambda\Sigma}{2}\overline{\phi}_{-\mathbf{p}}. \quad (4.112)$$

In der Tat hat dieser Term die Form einer Ableitung eines quadratischen Terms in der freien Enthalpie.

Wie man in der Näherung (4.104) für das Selbstenergieintegral sehr schön sieht, divergiert das Integral für kleine Δ mit $\Delta^{-1/2}$. Dies ändert sich nicht bei den Korrekturen zu höheren Vertexfunktionen, im Gegenteil werden diese Divergenzen sogar stärker. Die Korrektur zur Vierpunktvertexfunktion divergiert beispielsweise mit $\Delta^{-3/2}$. Im Unterabschnitt 5.3.4 werden wir sehen, daß die geordneten Phasen „Mean-Field-ähnlich" sind, das heißt, das Selbstenergieintegral ist klein, Δ daher groß und die höheren Ordnungen sind tatsächlich vernachlässigbar. In der isotropen Phase dagegen kann Δ klein werden. Mit den Konsequenzen daraus befaßt sich das sechste Kapitel.

Aus dem Vergleich der freien Enthalpien (4.102) und (4.21) schließen wir jedoch noch auf einen weiteren Unterschied der Methoden. Im Vergleich zur Einschleifennäherung erzeugt BRAZOVSKIĬs Methode einen weiteren Term zur freien Enthalpie der isotropen Phase. Zur Illustration geben wir Gleichung (4.21) und Gleichung (4.102) jeweils für die isotrope Phase an ($\Phi = 0$ bzw. $\overline{\phi} = 0$):

$$U(\Phi = 0) = \frac{V}{2\beta}\int\mathrm{d}\mathbf{q}\ln\left(q^2 + m_1^2\right), \quad (4.113)$$

$$\begin{aligned}
F(\overline{\phi} = 0) &= \frac{1}{2}\int^{\Delta}\Sigma(\Delta')\mathrm{d}\Delta' - \frac{\lambda}{8}\Sigma(\Delta)^2 \\
&= \frac{V}{2\beta}\int\mathrm{d}\Delta'\int\frac{\mathrm{d}^3k}{(2\pi)^3}\frac{1}{\Delta' + (k-p_0)^2} - \frac{\lambda}{8}\Sigma(\Delta)^2 \\
&= \frac{V}{2\beta}\int\frac{\mathrm{d}^3k}{(2\pi)^3}\ln\left(\Delta + (k-p_0)^2\right) - \frac{\lambda}{8}\Sigma(\Delta)^2 \\
&\approx 2\alpha\sqrt{\Delta} - \frac{\lambda\alpha^2}{2\Delta}. \quad (4.114)
\end{aligned}$$

Der zusätzliche Term entspricht also dem negativen Quadrat der Selbstenergie, das heißt BRAZOVSKIĬs Methode produziert nach dem Wickschen Theorem einen Beitrag zur Vierteilchenkorrelationsfunktion. Aus der genäherten Form erkennt man gut, daß der Gaußsche Term, also der Term, der vom Gaußschen Integral (3.25) stammt, für große Δ dominiert, der Term des Selbstenergiequadrats dagegen für kleine Δ. Für kleine Δ wird also die freie Enthalpie der isotropen Phase stark negativ, während sie für große Δ positiv wird. In Abbildung 4.2 haben wir gesehen, daß Δ in den Blauen Phasen bei kleinen Chiralitäten für kleine Temperaturen klein, für große Temperaturen jedoch groß ist. Entsprechend erwarten wir also auch, daß die freie Enthalpie der isotropen Phase bei der durch den starken Anstieg des Parameters Δ gekennzeichneten Temperatur ebenfalls stark ansteigt. Theoretisch könnte es also möglich sein, die in Abschnitt 4.4 angedeutete zweite isotrope Phase auch zu stabilisieren. Wir werden im nächsten Kapitel allerdings sehen, daß dies in niedrigster Ordnung nicht erreicht werden kann. Einen Ausblick auf höhere Ordnungen gibt Kapitel sechs.

4.7   Brazovskiĭs Methode in den Blauen Phasen

Die Hamiltonfunktion für die Blauen Phasen besitzt im Unterschied zur BRAZOVSKIĬschen Hamiltonfunktion (4.64) einen kubischen Beitrag. Da die Korrektur des kubischen Vertex zur Zweipunktvertexfunktion mit einer Schleife aber von zweiter Ordnung in $V\beta^{-1}$ ist, vernachlässigen wir ihn für die Berechnung der Selbstenergiefunktion. Bei der Herleitung der Zustandsgleichung für die geordneten Phasen, die den Parameter Δ mit dem Ordnungsparameter verknüpft, muß der kubische Term berücksichtigt werden. Wir werden zunächst die Zustandsgleichung für die Blauen Phasen herleiten. Insbesondere werden wir unser Augenmerk darauf richten, wie die Tensorstruktur des Ordnungsparameters in die Gleichung eingeht. Daraufhin werden wir die freie Enthalpie für die Blauen Phasen berechnen. Wir werden schließlich sehen, wie eine Anomalie in der cholesterischen Phase BRAZOVSKIĬs Methode versagen läßt.

Zur Vereinfachung der Schreibweise führen wir einige Abkürzungen ein[9]:

$$\beta_{ijk} = -\frac{1}{2}\mathrm{Sp}\left[\mathbf{M}_2(\mathbf{k}_i)\mathbf{M}_2(\mathbf{k}_j)\mathbf{M}_2(\mathbf{k}_k)\right] \tag{4.115}$$

$$\beta_{0jk} = -\frac{1}{2}\mathrm{Sp}\left[\mathbf{M}_0(0)\mathbf{M}_2(\mathbf{k}_j)\mathbf{M}_2(\mathbf{k}_k)\right] \quad \text{und zyklisch} \tag{4.116}$$

$$\lambda_{ijkl} = \lambda\mathrm{Sp}\left[\mathbf{M}_2(\mathbf{k}_i)\mathbf{M}_2(\mathbf{k}_j)\right]\mathrm{Sp}\left[\mathbf{M}_2(\mathbf{k}_k)\mathbf{M}_2(\mathbf{k}_l)\right] \tag{4.117}$$

$$\mu_i = \mu_2(\mathbf{k}_i) \tag{4.118}$$

$$\mu_{-i} = \mu_2(-\mathbf{k}_i) \tag{4.119}$$

$$\mu_0 = \mu_0(\mathbf{0}). \tag{4.120}$$

Wir schreiben damit die Hamiltonfunktion der Blauen Phasen als

$$\mathcal{H}\left[\mu\right] = \frac{1}{4}\sum_i \left(\tau + (k_i - \kappa)^2\right)\mu_i\mu_{-i}$$

$$+ \sum_{ijk}\beta_{ijk}\mu_i\mu_j\mu_k + \frac{1}{4!}\sum_{ijkl}\lambda_{ijkl}\mu_i\mu_j\mu_k\mu_l. \tag{4.121}$$

Wir zerlegen $\mu_i = \overline{\mu}_i + \mu_i'$ und $\mathcal{H}$ wie in den vorigen Abschnitten. Nach BRAZOVSKIĬs Methode ergeben nur die von $\overline{\mu}$ abhängigen Terme Beiträge zur freien Enthalpie. Ebenso wie die nur von μ' abhängigen Terme vernachlässigen wir die ungeraden Ordnungen von μ' und erhalten unter Ausnutzung der Permutationssymmetrien in β_{ijk} und λ_{ijkl}

$$\overline{\mathcal{H}}\left[\overline{\mu}, \mu'\right] = \mathcal{H}[\overline{\mu}] + \sum_{ijk}\overline{\mu}_i\mu_j'\mu_k'\left(\beta_{ijk} + 2\beta_{jik}\right)$$

$$+ \frac{1}{12}\sum_{ijkl}\overline{\mu}_i\overline{\mu}_j\mu_k'\mu_l'\left(\lambda_{ijkl} + \lambda_{ikjl} + \lambda_{iljk}\right). \tag{4.122}$$

Für die Zweiteilchenkorrelationsfunktion $\Gamma_{n,-n}^{(2)} = \Gamma^{(2)}(\mathbf{k}_n, -\mathbf{k}_n)$, wobei

---

[9]In Abschnitt 4.4 hatten wir vereinbart, nur die $m = 2$-Mode zu berücksichtigen, ausgenommen natürlich die cholesterische Phase. In Abschnitt 2.5 hatten wir außerdem festgelegt, daß die kubische Vertexkonstante fest gewählt wird. Dieses Vorgehen ist noch immer gerechtfertigt, da wir die Korrekturen des kubischen Vertex vernachlässigen.

$|\mathbf{k}_n| = k_0 = \kappa$, berechnen wir dann[10]

$$
\begin{aligned}
\frac{\Delta}{2} &= \beta^{-1}\Gamma^{(2)}_{n,-n} = \frac{\delta}{\delta\overline{\mu}_{-n}}\left\langle\frac{\delta\overline{\mathcal{H}}}{\delta\overline{\mu}_n}\right\rangle_{\mathcal{H}_{\mathrm{Gau\ss}}} \\
&= \frac{\tau}{2} + 3\overline{\mu}_0\left(\beta_{-n,n,0} + \beta_{n,-n,0}\right) \\
&\quad + \frac{1}{6}\sum_i \overline{\mu}_i\overline{\mu}_{-i}\left(1 + 2\lambda_{in,-i,-n}\right) + \frac{1}{6}\sum_i \left\langle\mu'_i\mu'_{-i}\right\rangle\left(1 + 2\lambda_{in,-i,-n}\right) \\
&= \frac{\tau}{2} + 3\overline{\mu}_0\left(\beta_{-n,n,0} + \beta_{n,-n,0}\right) \\
&\quad + \frac{1}{6}\sum_i \overline{\mu}_i\overline{\mu}_{-i}\left(1 + 2\lambda_{in,-i,-n}\right) \\
&\quad + \frac{\lambda V\beta^{-1}}{6(2\pi)^3}\int\mathrm{d}^3q\,\frac{2}{\Delta + (q-\kappa)^2}\times \\
&\qquad\qquad\times\left(1 + 2\left|\mathrm{Sp}\left[\mathbf{M}_2(\mathbf{q})\mathbf{M}_2(\mathbf{k}_n)\right]\right|^2\right), \quad (4.123)
\end{aligned}
$$

also mit der Definition (4.53) für das Selbstenergieintegral

$$
\begin{aligned}
\Delta &= \tau + 6\overline{\mu}_0\left(\beta_{-n,n,0} + \beta_{n,-n,0}\right) \\
&\quad + \frac{1}{3}\sum_i \overline{\mu}_i\overline{\mu}_{-i}\left(1 + 2\lambda_{in,-i,-n}\right) + \frac{28\lambda}{15}\Sigma(\Delta). \quad (4.124)
\end{aligned}
$$

Setzen wir alle Gleichgewichtsordnungsparameter $\overline{\mu}$ gleich null, erhalten wir aus Gleichung (4.123) die bereits aus der Schleifenentwicklung bekannte Gleichung (4.24) für die isotrope Phase. Damit ist noch einmal die Konsistenz von BRAZOVSKIĬs Methode mit der Einschleifennäherung gezeigt.

Besonderes Augenmerk wollten wir in diesem Abschnitt darauf richten, wie die Tensorstruktur des Ordnungsparameters in die Zustandsgleichung (4.123) eingeht. Den Einfluß auf das Selbstenergieintegral haben wir bereits in Abschnitt 4.4 eingehend untersucht. Der Faktor $1 + 2\left|\mathrm{Sp}\left[\mathbf{M}(\mathbf{q})\mathbf{M}(\mathbf{k}_n)\right]\right|^2$ hängt unter dem Integral nur vom Winkel zwischen $\mathbf{q}$ und $\mathbf{k}_n$ ab und ergibt nach der Integration lediglich einen

---

[10]Man beachte den Faktor 2 in der Korrelationsfunktion (vergleiche Gleichung (4.24)) sowie den Unterschied zwischen dem Parameter $\beta^{-1} = k_{\mathrm{B}}T$ und der Abkürzung β_{ijk}.

numerischen Faktor. Der zweite Term in (4.123) tritt allein in der cholesterischen Phase auf, da diese einen Ordnungsparameter mit $\mathbf{k} = 0$ (und $m = 0$) besitzt; sein Wert ist $-\sqrt{6}\overline{\mu}_0/2$.

Um den dritten Term zu berechnen, nehmen wir an, daß die $\mathbf{k}_i$ aus einem festen Stern sind. Dann ist $\overline{\mu}_i$ fest für alle i. Wir zeigen nun, daß der Term nicht vom gewählten Repräsentanten $\mathbf{k}_n$ abhängt. Dazu wählen wir zunächst einen weiteren Repräsentanten $\mathbf{k}'_n = \mathbf{S}\mathbf{k}_n$ und zeigen, daß sich das gleiche Ergebnis ergibt wie für $\mathbf{k}_n$. Da in jedem Summanden sowohl $\mathbf{k}_i$ und $\mathbf{k}_n$ als auch $-\mathbf{k}_i$ und $-\mathbf{k}_n$ auftreten, können wir im Transformationsgesetz (2.44) für die Basistensoren die Phase vernachlässigen. Damit erhalten wir

$$\sum_{\mathbf{k}_i} \mathrm{Sp}\left[\mathbf{M}(\mathbf{k}_i)\mathbf{M}(\mathbf{S}\mathbf{k}_n)\right] \mathrm{Sp}\left[\mathbf{M}(-\mathbf{k}_i)\mathbf{M}(-\mathbf{S}\mathbf{k}_n)\right]$$

$$= \sum_{\mathbf{k}_i} \mathrm{Sp}\left[\mathbf{M}(\mathbf{k}_i)\mathbf{S}\mathbf{M}(\mathbf{k}_n)\mathbf{S}^{-1}\right] \mathrm{Sp}\left[\mathbf{M}(-\mathbf{k}_i)\mathbf{S}\mathbf{M}(-\mathbf{k}_n)\mathbf{S}^{-1}\right]$$

$$= \sum_{\mathbf{k}_i} \mathrm{Sp}\left[\mathbf{S}^{-1}\mathbf{M}(\mathbf{k}_i)\mathbf{S}\mathbf{M}(\mathbf{k}_n)\right] \mathrm{Sp}\left[\mathbf{S}^{-1}\mathbf{M}(-\mathbf{k}_i)\mathbf{S}\mathbf{M}(-\mathbf{k}_n)\right]$$

$$= \sum_{\mathbf{k}_i} \mathrm{Sp}\left[\mathbf{M}(\mathbf{S}^{-1}\mathbf{k}_i)\mathbf{M}(\mathbf{k}_n)\right] \mathrm{Sp}\left[\mathbf{M}(-\mathbf{S}^{-1}\mathbf{k}_i)\mathbf{M}(-\mathbf{k}_n)\right]. \qquad (4.125)$$

Wenn aber $\mathbf{k}_i$ über den ganzen Stern läuft, dann auch $\mathbf{S}^{-1}\mathbf{k}_i$. Wir können also $\mathbf{S}^{-1}\mathbf{k}_i$ durch $\mathbf{k}_i$ ersetzen, was die Behauptung beweist, daß der Term nicht vom gewählten Repräsentanten $\mathbf{k}_n$ abhängt.

Als Ergebnis findet man mit den Konventionen von Box 2

für die cholesterische Phase:

$$\Delta = \tau - \sqrt{6}\overline{\mu}_0 + \overline{\mu}_0^2 + \frac{4}{3}\overline{\mu}_1^2 + \frac{28\lambda}{15}\Sigma(\Delta) \qquad (4.126)$$

für O^2: $\Delta = \tau + 17\overline{\mu}_1^2 + \frac{67}{2}\overline{\mu}_2^2 + \frac{28\lambda}{15}\Sigma(\Delta)$ (4.127)

für O^5: $\Delta = \tau + \frac{269}{8}\overline{\mu}_2^2 + \frac{269}{4}\overline{\mu}_6^2 + \frac{269}{8}\overline{\mu}_8^2 + \frac{28\lambda}{15}\Sigma(\Delta)$ (4.128)

für O^8: $\Delta = \tau + \frac{269}{8}\overline{\mu}_2^2 + \frac{67}{4}\overline{\mu}_4^2 + \frac{269}{4}\overline{\mu}_6^2 + \frac{269}{8}\overline{\mu}_8^2 + \frac{28\lambda}{15}\Sigma(\Delta).$

$$(4.129)$$

Wir bekommen also für jeden Stern jeder Struktur eine Konstante. Dabei ist die Konstante beispielsweise des (110)-Sterns für O^2 und O^8 unterschiedlich.

Die Berechnung der freien Enthalpie erfolgt ebenso wie im vorigen Kapitel geschildert. Es gilt nach Gleichung (4.71)

$$
\begin{aligned}
F[\overline{\mu}, \Delta] &= \int \sum_i \mathrm{d}\overline{\mu}_i \left\langle \frac{\delta \mathcal{H}}{\delta \overline{\mu}_{-i}} \right\rangle \\
&= F^{\mathrm{MF}}[\overline{\mu}] + 3 \int \mathrm{d}\overline{\mu}_0 \int \frac{\mathrm{d}^3 k_i}{(2\pi)^3} \frac{2\beta^{-1}V}{\Delta + (k_i - \kappa)^2} \beta_{i,-i0} \\
&+ \frac{1}{6} \int \sum_j \mathrm{d}\overline{\mu}_j \int \frac{\mathrm{d}^3 k_i}{(2\pi)^3} \frac{2\beta^{-1}V}{\Delta + (k_i - \kappa)^2} \left(1 + 2\lambda_{ij,-i,-j}\right) \overline{\mu}_{-j}. \quad (4.130)
\end{aligned}
$$

Wir wenden nun auf die Dysongleichung (4.124) den Operator

$$
\frac{\beta^{-1}V}{4} \int^{\Delta} \mathrm{d}\Delta' \int \frac{\mathrm{d}^3 k_n}{(2\pi)^3} \frac{2}{\Delta' + (k_n - \kappa)^2} \frac{\partial}{\partial \Delta'} \quad (4.131)
$$

an und erhalten

$$
\begin{aligned}
\int^{\Delta} \mathrm{d}\Delta' \Sigma(\Delta') &= 3 \int \mathrm{d}\overline{\mu}_0 \int \frac{\mathrm{d}^3 k_n}{(2\pi)^3} \frac{2\beta^{-1}V}{\Delta + (k_n - \kappa)^2} \beta_{n,-n,0} \\
&+ \frac{1}{6} \int \sum_i \mathrm{d}\overline{\mu}_i \int \frac{\mathrm{d}^3 k_n}{(2\pi)^3} \frac{2\beta^{-1}V}{\Delta + (k_n - \kappa)^2} \overline{\mu}_{-i} \left(1 + 2\lambda_{in,-i,-n}\right) \\
&+ \frac{14\lambda}{15} \Sigma^2(\Delta). \quad (4.132)
\end{aligned}
$$

und damit

$$
F = F^{\mathrm{MF}} + \int_0^{\Delta} \Sigma(\Delta') \mathrm{d}\Delta' - \frac{14\lambda}{15} \Sigma^2(\Delta). \quad (4.133)
$$

Diese Gleichung unterscheidet sich von Gleichung (4.102) nur durch die Form des Mean-Field-Beitrages F^{MF} und die Koeffizienten der Korrekturen durch die Fluktuationen.

Zur Bestimmung der stabilen Strukturen bei gegebener Temperatur und Chiralität berechnen wir analog zu Gleichung (4.111) die Ableitung der freien Enthalpie nach dem Ordnungsparameter:

$$\frac{\mathrm{d}F}{\mathrm{d}\overline{\mu}_i} = \frac{\partial F}{\partial \overline{\mu}_i} + \frac{\partial F}{\partial \Delta} \frac{\mathrm{d}\Delta}{\mathrm{d}\overline{\mu}_i}. \tag{4.134}$$

Hier zeigt sich nun, daß der lineare Term in $\overline{\mu}_0$ in Gleichung (4.126) zu einer Symmetriebrechung führt, das heißt zu der Tatsache, daß die isotrope Phase absolut instabil ist:

$$\frac{\mathrm{d}F}{\mathrm{d}\overline{\mu}_0} = \frac{\partial F^{\mathrm{MF}}}{\partial \overline{\mu}_0} - \sqrt{6}\lambda\Sigma(\Delta). \tag{4.135}$$

Für $\overline{\mu}_i = 0$, die Bedingung für die isotrope Phase, folgt

$$\frac{\mathrm{d}F}{\mathrm{d}\overline{\mu}_0} = -\sqrt{6}\lambda\Sigma(\Delta) \neq 0, \text{ da } \Sigma(\Delta) \neq 0. \tag{4.136}$$

Der isotropen Phase entspricht daher kein Minimum der freien Enthalpie. BRAZOVSKIĬs Methode ist also für die Blauen Phasen nicht direkt anwendbar. Freilich besitzt der ursprüngliche Hamiltonoperator keine linearen Terme in μ. Es ist daher anzunehmen, daß entweder höhere Ordnungen der Schleifenentwicklung oder die Berücksichtigung der Renormierung des kubischen Vertex Abhilfe bringen könnte. Dann aber können wir die freie Enthalpie nicht mehr berechnen, weder in der von BRAZOVSKIĬ ursprünglich vorgeschlagenen Variante aus Abschnitt 4.5 noch in der vereinfachten aus diesem und dem letzten Abschnitt. Ein Ausweg bietet uns die Kumulantenentwicklung. Aus einigen Arbeiten ist bekannt, daß sie ähnliche Ergebnisse wie BRAZOVSKIĬs Methode liefert [9]. Im nächsten Kapitel werden wir diese alternative Entwicklung kennenlernen und am Beispiel der Blauen Phasen sehen, daß sie nicht genau äquivalent ist, ein Umstand, der uns den Vorteil verschafft, Phasendiagramme berechnen zu können.

Kapitel 5

Die Kumulantenentwicklung

Die Schleifenentwicklung versetzte uns in die Lage, Korrelationsfunktionen bis zu einer gegebenen Ordnung von $\beta^{-1}V$ berechnen zu können. Sie hat den Vorteil, einen genau kontrollierbaren Kleinheitsparameter zu besitzen. Allerdings ist selbst in erster Ordnung die Berechnung einer unendlichen Zahl von Integralen nötig. Die Kumulantenentwicklung hingegen berechnet die freie Enthalpie bis zu einer gegebenen Ordnung von $\left\langle (\widetilde{\mathcal{H}} - \mathcal{H}')^n \right\rangle$[1]. Die jeweiligen Ordnungen werden auch als Kumulanten von $\widetilde{\mathcal{H}} - \mathcal{H}'$ bezeichnet. Der Kleinheitsparameter selbst läßt sich dabei kaum kontrollieren. Wir werden statt dessen wieder $\beta^{-1}V$ als Kontrollparameter verwenden. Die Kumulantenentwicklung bietet uns den Vorteil, direkt die freie Enthalpie mit einer endlichen Zahl von Termen berechnen zu können.

Wir werden zunächst das Prinzip der Kumulantenentwicklung am Beispiel der einfachen Hamiltonfunktion (4.64) demonstrieren. Wir werden dabei sehen, daß wir in erster Ordnung exakt dasselbe Ergebnis erhalten wie mit BRAZOVSKIĬs Methode. Diese exakte Äquivalenz weicht mit der Behandlung der Blauen Phasen. Es stellt sich heraus,

---

[1] Auf die Bedeutung der unterschiedlichen Hamiltonfunktionen werden wir später eingehen.

daß der unterschiedliche Ansatzpunkt beider Methoden zur Behebung der Instabilität der isotropen Phase führen wird. Mit Hilfe der Kumulantentheorie werden wir Phasendiagramme berechnen. Wir werden feststellen, daß die meisten der bisher aufgetretenen Diskrepanzen zwischen Experiment und Theorie wie die Stabilität der O^5-Struktur oder das Verschwinden der Blauen Phase II für hohe Chiralitäten im Rahmen dieser Methodik behoben werden können. Wie schon in Abschnitt 4.4 angedeutet, bietet sich uns sogar eine mögliche Erklärung für das Auftreten der Blauen Phase III als zweiter isotroper Phase. Dieser Möglichkeit aber und einer Untersuchung des Einflusses höherer Ordnungen wird im sechsten Kapitel nachgegangen.

5.1   Vorstellung der Methodik

Im vorigen Kapitel haben wir implizit verwendet, daß wir nur Gaußsche Pfadintegrale lösen können. Diese Tatsache wird nun explizit. Wir werden eine Gaußsche Hamiltonfunktion vorgeben, über der wir in zunächst exakter Weise — bis auf die Wahl der Hamiltonfunktion — alle Mittelungen durchführen werden. Es wird wieder nötig sein, die ursprüngliche Hamiltonfunktion in zwei Beiträge zu zerlegen, deren erster die Mean-Field-Energie reproduzieren wird. Den verbleibenden Ausdruck entwickeln wir dann in die Momente der Differenz der ursprünglichen und der Gaußschen Hamiltonfunktion. Wir erhalten damit eine freie Enthalpie, die die „renormierte Temperatur" Δ noch als freien Parameter enthält. Die Minimierung nach diesem Parameter ergibt eine Gleichung, die der Zustandsgleichung (4.124) entspricht. In Unterabschnitt 5.3.5 werden wir die Bedeutung von Δ genauer untersuchen.

Zur Illustration des Verfahrens verwenden wir hier wieder die vereinfachte Theorie aus Abschnitt 4.5 (vergleiche Gleichung (4.64)) für einen skalaren Ordnungsparameter:

$$\mathcal{H}[\phi] = \frac{1}{2} \sum_{\mathbf{q}} [t + (q - q_0)^2] \phi_{\mathbf{q}} \phi_{-\mathbf{q}} + \frac{\lambda}{4!} \sum_{\mathbf{q}_1 + \mathbf{q}_2 + \mathbf{q}_3 + \mathbf{q}_4 = 0} \phi_{\mathbf{q}_1} \phi_{\mathbf{q}_2} \phi_{\mathbf{q}_3} \phi_{\mathbf{q}_4}.$$

$$(5.1)$$

Bei der Kumulantenentwicklung benötigen wir keine Ableitungen nach dem konjugierten Feld (in vorangegangenen Kapiteln meistens als J

bezeichnet.) Da wir dieses am Ende der Rechnung ohnehin immer null setzen mußten, können wir es hier ohne Beschränkung der Allgemeinheit von vorneherein vernachlässigen.

Die freie Enthalpie lautet dann gemäß Gleichung (4.72)

$$F = -\beta^{-1}\ln Z = -\beta^{-1}\ln \int D\phi \exp\left(-\beta\mathcal{H}\right). \tag{5.2}$$

Wie schon im letzten Kapitel zerlegen wir

$$\phi = \phi' + \overline{\phi}. \tag{5.3}$$

Im Bild der Pfadintegration bezeichnet $\overline{\phi}$ die Verschiebung des Ursprungs der Pfade ϕ. Die Pfadintegration läuft anschließend über alle Pfade ϕ'. Analog zerlegen wir die Hamiltonfunktion

$$\mathcal{H}[\phi] = \mathcal{H}_0[\overline{\phi}] + \widetilde{\mathcal{H}}[\overline{\phi}, \phi']. \tag{5.4}$$

Um das Pfadintegral in Gleichung (5.2) durchführen zu können, mitteln wir über eine Gaußsche Hamiltonfunktion $\mathcal{H}'$. Analog zu der Arbeit von DOBRYNIN [9], die Fluktuationen in Blockkopolymeren behandelt und eine sehr ähnliche Hamiltonfunktion besitzt, wählen wir die Gaußsche Hamiltonfunktion als

$$\mathcal{H}'[\phi'] = \frac{1}{2}\sum_{\mathbf{q}}(\Delta + (q - q_0)^2)\phi'_{\mathbf{q}}\phi'_{-\mathbf{q}}. \tag{5.5}$$

Wie im Fall von BRAZOVSKIĬS Methode erhalten wir einen Variationsparameter Δ. Die hier vorgestellte Gaußsche Hamiltonfunktion ist nicht die allgemeinste mögliche. Man könnte auch die „Chiralität" q_0 variieren. Die hier angegebene Hamiltonfunktion hat den Vorzug, daß sie bei aller Einfachheit den wesentlichen Effekt der Verschiebung der Übergangstemperatur zur isotropen Phase beschreibt und sehr ähnliche Ergebnisse im Vergleich zur BRAZOVSKIĬschen Theorie liefert.

Die nun folgenden Ausführungen sind unabhängig vom verwendeten Modell. Sie gelten also unverändert auch im System der Blauen Phasen. Zur Berechnung der freien Enthalpie schieben wir sowohl im Exponenten der Zustandssumme als auch im Argument des Logarithmus eine Eins ein:

$$F = -\beta^{-1}\ln\left[\left(\int D\phi' e^{-\beta\left(\mathcal{H}_0[\overline{\phi}] + \widetilde{\mathcal{H}}[\overline{\phi}, \phi'] - \mathcal{H}'[\phi']\right)} e^{-\beta\mathcal{H}'[\phi']}\right) \frac{Z'}{Z'}\right] \tag{5.6}$$

mit

$$Z' = \int \mathrm{D}\phi' \exp(-\beta \mathcal{H}'). \tag{5.7}$$

Wir schreiben Gleichung (5.6) etwas um:

$$F = -\beta^{-1}\ln \mathrm{e}^{-\beta \mathcal{H}_0[\bar{\phi}]}$$
$$-\beta^{-1}\ln \left[\frac{\int \mathrm{D}\phi' \mathrm{e}^{-\beta\left(\widetilde{\mathcal{H}}[\bar{\phi},\phi']-\mathcal{H}'[\phi']\right)} \mathrm{e}^{-\beta \mathcal{H}'[\phi']}}{Z'} \right] - \beta^{-1}\ln Z'. \tag{5.8}$$

Der Ausdruck in den eckigen Klammern ist aber genau die Mittelung von $\exp\left(-\beta\left(\widetilde{\mathcal{H}}[\bar{\phi},\phi']-\mathcal{H}'[\phi']\right)\right)$ über $\mathcal{H}'[\phi']$:

$$F = \mathcal{H}_0[\bar{\phi}] - \beta^{-1}\ln \left\langle \mathrm{e}^{-\beta\left(\widetilde{\mathcal{H}}[\bar{\phi},\phi']-\mathcal{H}'[\phi']\right)} \right\rangle_{\mathcal{H}'} - \beta^{-1}\ln Z'. \tag{5.9}$$

Bis zu diesem Punkt ist der Ausdruck für die freie Enthalpie exakt. Wenn wir nun die Exponentialfunktion und den Logarithmus im zweiten Summanden für kleine $\delta\mathcal{H} = \widetilde{\mathcal{H}}[\bar{\phi},\phi'] - \mathcal{H}'[\phi']$ entwickeln, erhalten wir die Summe über die Momente von $\delta\mathcal{H}$. Wir verwenden dabei die Entwicklung des Logarithmus in der Umgebung von eins

$$\ln(1-x) = -\sum_{n=1}^{\infty} \frac{x^n}{n} \tag{5.10}$$

und erhalten bis zur dritten Ordnung in $\delta\mathcal{H}$

$$\ln \left\langle \mathrm{e}^{-\beta\left(\widetilde{\mathcal{H}}[\bar{\phi},\phi']-\mathcal{H}'[\phi']\right)} \right\rangle$$
$$= \ln \left(1 - \beta \langle \delta\mathcal{H} \rangle + \frac{\beta^2}{2} \langle \delta\mathcal{H}^2 \rangle - \frac{\beta^3}{6} \langle \delta\mathcal{H}^3 \rangle \right)$$
$$= -\beta \langle \delta\mathcal{H} \rangle + \frac{\beta^2}{2} \left(\langle \delta\mathcal{H}^2 \rangle - \langle \delta\mathcal{H} \rangle^2 \right)$$
$$- \frac{\beta^3}{6} \left(\langle \delta\mathcal{H}^3 \rangle - 3 \langle \delta\mathcal{H} \rangle \langle \delta\mathcal{H}^2 \rangle + 2 \langle \delta\mathcal{H} \rangle^3 \right) + \mathcal{O}(\langle \delta\mathcal{H}^4 \rangle). \tag{5.11}$$

Der erste Summand in der freien Enthalpie (5.9), $\mathcal{H}_0[\bar{\phi}]$, ist gleich der Mean-Field-Energie $F^{\mathrm{MF}}[\bar{\phi}]$. In erster Ordnung ergibt sich also

$$F = F^{\mathrm{MF}}[\bar{\phi}] - \beta^{-1}\ln Z' + \left\langle \widetilde{\mathcal{H}}[\bar{\phi},\phi'] - \mathcal{H}'[\phi'] \right\rangle_{\mathcal{H}'}. \tag{5.12}$$

Dieses Ergebnis gilt unabhängig von der speziellen Form der Hamilton-funktionen $\widetilde{\mathcal{H}}$ und $\mathcal{H}'$.

Wir wenden uns jetzt wieder dem Spezialfall (5.1) bzw. (5.5) zu und untersuchen, wie sich die beiden letzten Terme aus Gleichung (5.12) dann vereinfachen lassen. Die Drei- und Vierteilchenkorrelationsfunktionen wandeln wir über das Wicksche Theorem (vergleiche Abschnitt 3.1) in ein Produkt aus Zweiteilchenkorrelationsfunktionen um, wobei wir über alle möglichen Paare summieren müssen und die zusammengehörigen Wellenvektoren entgegengesetzt gleich wählen. So ergeben sich für die Vierteilchenkorrelationsfunktion aus dem quartischen Term zunächst die drei Doppelpaare $(\mathbf{p}_1 \mathbf{p}_2)(\mathbf{p}_3 \mathbf{p}_4)$, $(\mathbf{p}_1 \mathbf{p}_3)(\mathbf{p}_2 \mathbf{p}_4)$ und $(\mathbf{p}_1 \mathbf{p}_4)(\mathbf{p}_2 \mathbf{p}_3)$ und durch Wahl von entgegengesetzt gleichen Wellenvektoren

$$\frac{\lambda}{24} \sum_{\mathbf{q}_i} \langle \phi'_{\mathbf{q}_1} \phi'_{\mathbf{q}_2} \phi'_{\mathbf{q}_3} \phi'_{\mathbf{q}_4} \rangle = \frac{\lambda}{8} \left(\sum_{\mathbf{q}} \langle \phi'_{\mathbf{q}} \phi'_{-\mathbf{q}} \rangle \right)^2 . \qquad (5.13)$$

Korrelationsfunktionen ungerader Ordnung verschwinden bei Anwendung des Wickschen Theorems. So erzeugt der quartische Term für $\langle \widetilde{\mathcal{H}} \rangle_{\mathcal{H}'}$ nur noch einen weiteren Term der Form $\overline{\phi}^2 \phi'^2$. Von diesem erhalten wir ebenfalls die oben genannten Doppelpaare, wobei aber durch die Asymmetrie der $\overline{\phi}$- und ϕ'-Paare diesmal sechs Doppelpaare auftreten. Durch Wahl von entgegengesetzt gleichen Wellenvektoren in der Zweiteilchenkorrelationsfunktion und unter Beachtung der Impulserhaltung finden wir

$$\frac{\lambda}{4} \sum_{\mathbf{q}_1} \overline{\phi}_{\mathbf{q}_1} \overline{\phi}_{-\mathbf{q}_1} \sum_{\mathbf{q}_2} \langle \phi'_{\mathbf{q}_2} \phi'_{-\mathbf{q}_2} \rangle . \qquad (5.14)$$

Es bleiben vom dritten Term in Gleichung (5.12) nur noch der quadratische Term von $\widetilde{\mathcal{H}}$ und der ebenfalls quadratische Term von $\mathcal{H}'$. In beiden tritt der Term

$$\frac{1}{2} \sum_{\mathbf{q}} (q - q_0)^2 \langle \phi'_{\mathbf{q}} \phi'_{-\mathbf{q}} \rangle \qquad (5.15)$$

auf, allerdings mit unterschiedlichen Vorzeichen; er hebt sich daher weg.

Es verbleibt lediglich der Term

$$\frac{1}{2}(t - \Delta) \sum_{\mathbf{q}} \left\langle \phi'_{\mathbf{q}} \phi'_{-\mathbf{q}} \right\rangle. \tag{5.16}$$

Die Gaußsche Zustandssumme in Gleichung (5.12) läßt sich durch die Gaußsche Zweiteilchenkorrelationsfunktion ausdrücken. Zum Beweis leiten wir die Gaußsche Zustandssumme

$$Z'[\phi'] = \int \mathrm{D}\phi' \exp\left(-\frac{\beta}{2} \sum_{\mathbf{q}} \left(\Delta + (q - q_0)^2\right) \phi'_{\mathbf{q}} \phi'_{-\mathbf{q}}\right) \tag{5.17}$$

nach Δ ab und erhalten

$$\frac{\partial Z'}{\partial \Delta} = -\frac{\beta}{2} \sum_{\mathbf{k}} \int \mathrm{D}\phi' \, \phi'_{\mathbf{k}} \phi'_{-\mathbf{k}} \exp\left(-\beta \mathcal{H}'[\phi]\right) = -\frac{\beta}{2} Z' \sum_{\mathbf{k}} \left\langle \phi'_{\mathbf{k}} \phi'_{-\mathbf{k}} \right\rangle_{\mathcal{H}'} \tag{5.18}$$

und durch Quadratur

$$-\beta^{-1} \ln Z' = \frac{1}{2} \int \sum_{\mathbf{k}} \left\langle \phi'_{\mathbf{k}} \phi'_{-\mathbf{k}} \right\rangle_{\mathcal{H}'} \mathrm{d}\Delta \tag{5.19}$$

Wir haben nun alle Korrekturen zur freien Enthalpie durch die Gaußsche Zweiteilchenkorrelationsfunktion ausgedrückt. Diese ist ihrerseits proportional zum freien Propagator

$$G_0(\mathbf{q}) = \frac{1}{\Delta + (q - q_0)^2}. \tag{5.20}$$

Analog zu Gleichung (4.77) definieren wir[2]

$$\Sigma(\Delta) = \frac{\beta^{-1} V}{(2\pi)^3} \int \mathrm{d}^3 q \, G_0(\mathbf{q}) \sim \sum_{\mathbf{q}} \left\langle \phi'_{\mathbf{q}} \phi'_{-\mathbf{q}} \right\rangle. \tag{5.21}$$

Wir fassen noch einmal alle Terme zur freien Enthalpie zusammen:

$$F = F^{\mathrm{MF}} + \frac{1}{2} \int \Sigma(\Delta') \mathrm{d}\Delta'$$
$$+ \frac{1}{2} \left(t - \Delta + \frac{\lambda}{2} \sum_{\mathbf{q}} \overline{\phi}_{\mathbf{q}} \overline{\phi}_{-\mathbf{q}} + \frac{\lambda}{4} \Sigma(\Delta)\right) \Sigma(\Delta). \tag{5.22}$$

---

[2]Für den Abschneideradius gilt das in Kapitel 4 gesagte. Das Symbol „$\sim$" kennzeichnet lediglich die Kontinuisierung der Summe.

Im Unterschied zur freien Enthalpie (4.102), die wir mit der verbesserten Methode BRAZOVSKIĭs berechnet hatten, enthält Gleichung (5.22) jetzt Δ als unabhängigen Parameter. Variation nach Δ ergibt

$$t - \Delta + \frac{\lambda}{2} \sum_{q} \overline{\phi_q} \overline{\phi}_{-q} + \frac{\lambda}{2} \Sigma(\Delta) = 0. \tag{5.23}$$

Exakt diese Gleichung haben wir auch mit BRAZOVSKIĭs Methode in Gleichung (4.103) erhalten. Wir setzen sie in die freie Enthalpie (5.22) ein und stellen fest, daß sich damit genau Gleichung (4.102) ergibt:

$$F = F^{\text{MF}} + \frac{1}{2} \int \Sigma(\Delta') \mathrm{d}\Delta' - \frac{\lambda}{8} \Sigma(\Delta)^2. \tag{4.102}$$

In erster Ordnung scheinen also BRAZOVSKIĭs Methode und die Kumulantenentwicklung vollständig äquivalent zu sein. Daß dies nicht ohne Einschränkung gilt, werden wir im nächsten Abschnitt bei der Behandlung der Blauen Phasen sehen. Durch Vergleich der beiden Methoden erkennen wir, daß BRAZOVSKIĭs Methode einen Beitrag der Vierteilchenkorrelationsfunktion und das Gaußsche Integral $\int \Sigma(\Delta') \mathrm{d}\Delta'$ enthält, obwohl diese nicht explizit berücksichtigt wurden.

Wir interpretieren Gleichung (5.22) als freie Enthalpie im Nichtgleichgewicht, da alle Variationsparameter noch unbestimmt sind. In Gleichung (4.102) dagegen wurde nach dem Parameter Δ, wie wir gesehen haben, bereits minimiert. In gewissem Sinne ist also bereits der Gleichgewichtswert von Δ in Gleichung (4.102) substituiert. Gleichung (5.22) ist daher allgemeiner, aber zunächst noch völlig äquivalent zu Gleichung (4.102). Es stellt sich nun die Frage, ob diese Äquivalenz bei den komplizierteren Blauen Phasen ebenfalls besteht. Wenn dies so wäre, hätte die Kumulantenentwicklung zunächst keine Vorteile. Daß dies aber nicht zutrifft, beschreibt der nächste Abschnitt.

5.2 Kumulantenentwicklung in den Blauen Phasen

Wir werden in diesem Abschnitt die Kumulantenentwicklung erster Ordnung der freien Enthalpie für die Blauen Phasen aufstellen. Wir starten dabei wieder von der Hamiltonfunktion (4.121) und zerlegen den Ordnungsparameter $\mu = \overline{\mu} + \mu'$. Der Ausdruck (5.12) für die freie Enthalpie hat, wie bereits erwähnt, auch für die Blauen Phasen Bestand. Die Gaußsche Hamiltonfunktion muß leicht angepaßt werden:

$$\mathcal{H}'[\mu'] = \frac{1}{4} \sum_{\mathbf{q}} (\Delta + (q - \kappa)^2) \mu'_{\mathbf{q}} \mu'_{-\mathbf{q}}. \tag{5.24}$$

Der wesentliche Unterschied zur Hamiltonfunktion (5.5) besteht im Vorfaktor $1/4$, der seine Ursache in der unterschiedlichen Definition des quadratischen Terms in der ursprünglichen Hamiltonfunktion (4.121) hat. Gleichung (5.19) für den Logarithmus der Gaußschen Zustandssumme gilt bis auf einen Faktor zwei, der allerdings durch einen weiteren Faktor zwei in der Zweiteilchenkorrelationsfunktion aufgehoben wird, auch hier. Die Selbstenergiefunktion ist geringfügig unterschiedlich definiert (aber gleich wie in Kapitel vier):

$$\Sigma(\Delta) = \frac{V\beta^{-1}}{4\pi^2} \int_0^{n\kappa} \frac{q^2 \mathrm{d}q}{\Delta + (q - \kappa)^2}$$

$$= \frac{V\beta^{-1}}{4\pi^2} \kappa \left[n - \ln\left(\frac{1 + \kappa^2/\Delta}{1 + (\kappa^2/\Delta)(n-1)^2} \right) - \frac{\sqrt{\Delta}}{\kappa} \left(1 - \frac{\kappa^2}{\Delta} \right) \times \right.$$

$$\left. \times \left(\arctan\left(\frac{\kappa}{\sqrt{\Delta}} \right) + \arctan\left(\frac{\kappa}{\sqrt{\Delta}}(n-1) \right) \right) \right]. \tag{4.53}$$

Als direkte Folge dieser Definition werden alle Faktoren $1/2$ aus der Gleichung (5.22) entsprechenden freien Enthalpie von $\Sigma(\Delta)$ absorbiert.

Unterschiede zur freien Enthalpie (5.22) erhalten wir durch die Tensorstruktur des Ordnungsparameters der Blauen Phasen und durch das Auftreten eines kubischen Terms in der Hamiltonfunktion. Zur Quantifizierung dieser Unterschiede betrachten wir zunächst die vom quartischen Vertex stammenden Terme. Der (5.13) entsprechende Term lautet mit den Konventionen von Abschnitt 4.7

$$\frac{1}{24} \sum_{ijkl} \lambda_{ijkl} \left\langle \mu'_i \mu'_j \mu'_k \mu'_l \right\rangle = \frac{1}{24} \sum_{ij} (1 + 2\lambda_{ij,-i,-j}) \left\langle \mu'_i \mu'_{-i} \right\rangle \left\langle \mu'_j \mu'_{-j} \right\rangle,$$

$$\tag{5.25}$$

der (5.14) entsprechende

$$\frac{1}{12} \sum_i \overline{\mu}_i \overline{\mu}_{-i} \sum_j \langle \mu'_j \mu'_{-j} \rangle \left(1 + 2\lambda_{ij,-i,-j} \right). \qquad (5.26)$$

Der Ausdruck

$$\frac{1}{6} \sum_i \left(1 + 2\lambda_{ij,-i,-j} \right) \langle \mu_i \mu_{-i} \rangle \sim \frac{14\lambda}{15} \Sigma(\Delta) \qquad (5.27)$$

wurde bereits in Gleichung (4.124) berechnet. Analog rechnet man nach, daß

$$\frac{1}{4} \sum_j \langle \mu'_j \mu'_{-j} \rangle \sim \Sigma(\Delta). \qquad (5.28)$$

Vom kubischen Vertex erhalten wir (nur für die cholesterische Phase)

$$3\overline{\mu}_0 \sum_i \beta_{i,-i,0} \langle \mu'_i \mu'_{-i} \rangle, \qquad (5.29)$$

wobei wir berücksichtigt haben, daß alle drei möglichen Beiträge gleich sind, da über alle i und $-i$ summiert wird. Das zugehörige Winkelintegral verschwindet, wie man leicht zeigt (vergleiche Box 6).

In der Kumulantenentwicklung tritt also kein linearer Term im Ordnungsparameter auf. Die Begründung liegt darin, daß der Dreipunktvertex hier über die gesamte Sphäre integriert wurde, während bei BRAZOVSKIĬs Methode über einen Stern summiert wurde. Etwas weiter gefaßt liegt das natürlich an der Tatsache, daß der lineare Term bei BRAZOVSKIĬ von einem Term $\overline{\mu}_0 \overline{\mu}_i \overline{\mu}_{-i}$, hier aber von einem Term $\overline{\mu}_0 \mu'_i \mu'_{-i}$ erzeugt wird. Die bei BRAZOVSKIĬ auftretende Instabilität der isotropen Phase ist damit beseitigt. Auch der quartische Term (5.26) hat eine andere Form als bei BRAZOVSKIĬs Methode. Wiederum ist die Ursache, daß im einen Fall über einen Stern summiert, im anderen über die Sphäre integriert wird. Demzufolge geht der Stern nur noch über die Anzahl seiner Repräsentanten in den Ausdruck (5.26) ein.

Box 6: Auswertung des kubischen Winkelintegrals

Wir wollen zeigen, daß das kubische Winkelintegral im Ausdruck (5.29) verschwindet. Wir bemerken dazu, daß die $m = 0$-Mode der cholesterischen Phase zwar zu $|\mathbf{q}| = 0$ gehört. Trotzdem benötigen wir eine Basis $\{\boldsymbol{\xi}_q, \boldsymbol{\eta}_q, \mathbf{q}\}$, in der wir den Basistensor $\mathbf{M}_0(\mathbf{0})$ darstellen. Für die Integration ist es aber völlig unerheblich, welche Richtung wir $\mathbf{q}$ zuweisen. Wir legen es daher in z-Richtung, so daß $\mathbf{k} \cdot \mathbf{q} = \cos\theta$. Da andererseits das die Summe der Quadrate der Richtungskosinusse gleich eins ist, gilt $|\mathbf{q} \cdot \mathbf{u}_k|^2 = 1/2(\boldsymbol{\xi}_q \cdot \mathbf{k})^2 + (\boldsymbol{\eta}_q \cdot \mathbf{k})^2 = \sin^2\theta$. Damit und mit $\mathbf{u}_k \cdot \mathbf{u}_k^* = 1$ folgt

$$\sqrt{6}\mathrm{Sp}(\mathbf{M}_0(\mathbf{0})\mathbf{M}_2(\mathbf{k})\mathbf{M}_2(-\mathbf{k}))$$

$$= \mathrm{Sp}\left(3(\mathbf{q} \otimes \mathbf{q} - \mathbf{1}) \cdot \mathbf{u}_k \otimes \mathbf{u}_k \cdot \mathbf{u}_k^* \otimes \mathbf{u}_k^*\right)$$

$$= \left(3\left|\mathbf{q} \cdot \mathbf{u}_k\right|^2 - 1\right) = \left(\frac{3}{2}\sin^2\theta - 1\right). \qquad (5.30)$$

Das Mittel über diesen Ausdruck jedoch verschwindet.

Wir geben nun zusammenfassend die freie Enthalpie für die Blauen Phasen in erster Ordnung der Kumulantenentwicklung an:

$$F = F^{\mathrm{MF}}[\overline{\mu}] + \int_0^{\Delta} \Sigma(\Delta')\mathrm{d}\Delta'$$

$$+ \left(\tau - \Delta + \frac{14\lambda}{15}\Sigma(\Delta) + \frac{7\lambda}{15}\sum_i \overline{\mu}_i\overline{\mu}_{-i}\right)\Sigma(\Delta). \qquad (5.31)$$

Variation nach Δ ergibt

$$-\Delta + \tau + \frac{28\lambda}{15}\Sigma(\Delta) + \frac{7\lambda}{15}\sum_i \overline{\mu}_i\overline{\mu}_{-i} = 0. \qquad (5.32)$$

Diese Gleichung entspricht der Dysongleichung (4.124). Sie enthält aber keinen linearen Term im Gleichgewichtsordnungsparameter und der quadratische Term ist verschieden. Dies dokumentiert noch einmal den Unterschied zwischen den beiden benutzten Methoden.

Setzt man Gleichung (5.32) in die freie Enthalpie (5.31) ein, erhält man wiederum exakt die gleiche Form für die freie Enthalpie wie bei BRAZOVSKIĬs Methode:

$$F = F^{\mathrm{MF}}[\overline{\mu}] + \int_0^{\Delta} \Sigma(\Delta') \mathrm{d}\Delta' - \frac{14\lambda}{15} \Sigma^2(\Delta). \qquad (4.133)$$

Die Ergebnisse von Kumulantenentwicklung und BRAZOVSKIĬs Methode unterscheiden sich also nur in der Form der Zustandsgleichung (5.32).

Aus der freien Enthalpie (4.133) erhält man wie im vorigen Kapitel und in Kapitel zwei angedeutet Phasendiagramme der Blauen Phasen für verschiedene Werte von β^{-1}. Im nächsten Abschnitt werden wir diese diskutieren und eine verbesserte Interpretation von Abbildung 4.2 liefern.

5.3   Ergebnisse für die Blauen Phasen

Gleichung (4.133) enthält außer Temperatur und Chiralität noch drei Parameter: β^{-1}, den Abschneideparameter n und λ. Letzterer kann aber mit der Skalierung (2.55) der freien Enthalpie eliminiert werden. Zusätzlich zu den im zweiten Kapitel angegebenen Skalierungen muß noch Δ mit λ skaliert werden. Zur einfachen numerischen Behandlung von $\beta^{-1}V$ haben wir den Parameter

$$\alpha = \frac{\beta^{-1}V}{60\pi^2} \qquad (5.33)$$

eingeführt. Im Folgenden werden wir nun Phasendiagramme für verschiedene Werte von α und $n = 1$ vorstellen und diskutieren. Dabei werden wir sehen, daß die Berücksichtigung von Fluktuationen O^5 destabilisiert und für sehr hohe Chiralitäten auch die Blaue Phase II verschwinden läßt. Wir werden daraufhin repräsentative Phasendiagramme für $n > 1$ vorstellen. Es zeigt sich, daß für $n \lesssim 5$ die qualitativen Ergebnisse von $n = 1$ reproduziert werden können. Für größere n nähert sich das Phasendiagramm wieder dem Mean-Field-Verhalten an. Anschließend daran werden wir die Ordnungsparameterwerte für $\alpha \neq 0$ und $n = 1$ mit den Mean-Field-Werten vergleichen, sowie Werte für Δ

angeben. Dadurch wird der Einfluß der Fluktuationen auf Ordnungsparameter und freie Enthalpien deutlich. Schließlich werden wir noch
einmal das Verhalten von Δ in der isotropen Phase diskutieren. In der
jetzt verwendeten Kumulantenentwicklung nimmt $\sqrt{\Delta}$ die Rolle einer
inversen Korrelationslänge ein. Ausgehend davon werden wir erkennen,
daß den zwei Regimes aus Abbildung 4.2 auch tatsächlich eine hochkorrelierte Blaue Phase III und eine schwachkorrelierte isotrope Phase
entsprechen[3].

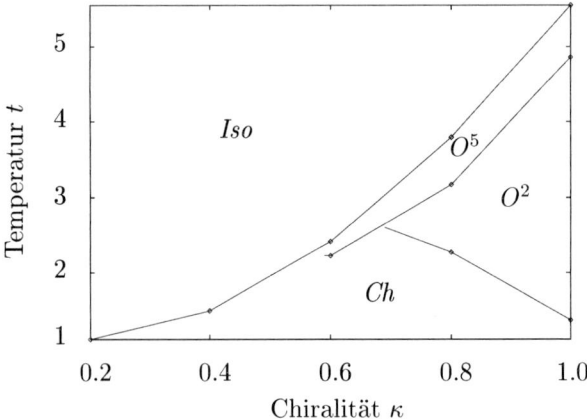

Abbildung 5.1: Mean-Field-Phasendiagramm der Blauen Phasen. Ausschnittsvergrößerung von Abbildung 1.19 [22]. Die Rauten im Phasendiagramm entsprechen den tatsächlich gerechneten Punkten, die durchgezogene Linie ist ergänzt. Man sieht deutlich, daß außer der cholesterischen Phase und der O^5-Struktur keine andere Phase einen direkten
Übergang zur isotropen Phase zeigt.

5.3.1 Phasendiagramme für $n = 1$

Der Parameter α erlaubt es uns, den Einfluß der Fluktuationen kontinu-
ierlich zu erhöhen. Für $\alpha = 0$ erhalten wir als Grenzfall das Mean-Field-

---

[3]Diese Interpretation freilich wäre auch schon bei der Schleifenentwicklung
möglich gewesen. Jedoch ist dort die Rolle von Δ meines Erachtens nicht so deutlich
zu sehen.

Phasendiagramm 1.19. Wir fassen hier noch einmal kurz seine wesentlichen Mängel zusammen: Es tritt eine experimentell nicht beobachtete kubische Struktur der Raumgruppe O^5 auf, die über den gesamten Stabilitätsbereich der kubischen Phasen den Übergang zur isotropen Phase bildet. O^2 als Struktur der Blauen Phase II wird für kleine Chiralitäten vor O^8 (Blaue Phase I) stabil. O^2 breitet sich für wachsende Chiralitäten immer weiter aus und verschwindet nicht[4]. Die Blaue Phase III ist nicht im Phasendiagramm enthalten.

Der erste dieser Punkte verdient eine etwas genauere Betrachtung, denn in der Originalveröffentlichung von GREBEL und Mitarbeitern [22] ist dies nicht und selbst in Abbildung 1.19 nur sehr schwer zu sehen. In Abbildung 5.1 ist daher der Bereich zwischen $\kappa = 0.2$ und $\kappa = 1.0$ herausvergrößert. Deutlich erkennt man das Einsetzen der O^5-Struktur bei $\kappa \approx 0.6$ und danach, bei $\kappa \approx 0.7$, das der O^2-Struktur.

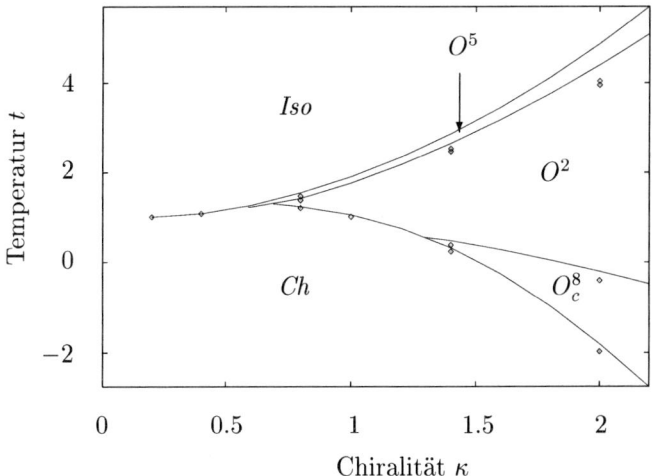

Abbildung 5.2: Die durchgezogenen Linien zeigen einen Ausschnitt des Mean-Field-Phasendiagramms 1.19. Die Symbole deuten den berechneten Phasenübergang bei $\alpha = 0.025$ ($n = 1$) an.

---

[4]Wir werden diese Aussage später revidieren müssen. Sie gilt aber uneingeschränkt für das von GREBEL und Mitarbeitern angegebene Phasendiagramm [22].

Das Ergebnis für sehr schwache Fluktuationen ist in Abbildung 5.2 mit Rauten dargestellt. Zum Vergleich ist auch das Mean-Field-Phasendiagramm noch einmal mit durchgezogenen Linien angegeben. Der Einfluß der Fluktuationen ist am größten für hohe Temperaturen und große Chiralitäten. Besonders stark ist der Übergang von der isotropen Phase zur O^5-Struktur abgesenkt. Das Stabilitätsintervall von O^5 nimmt dabei mit steigender Chiralität nicht merklich zu. Die Absenkung der Phasenübergangstemperatur freilich hatten wir schon nach Gleichung (4.17) erwartet. Die Zunahme der Fluktuationen für wachsende Chiralität werden wir in Kürze diskutieren. Auch die übrigen Phasenübergänge werden abgesenkt und zwar umso stärker, je näher sie an der isotropen Phase liegen. Wir werden in Unterabschnitt 5.3.4 sehen, daß dies mit einer Zunahme von Δ mit abnehmender Temperatur in Zusammenhang steht. Für kleine κ spielen die Fluktuationen fast keine Rolle.

Zur Untersuchung der Abhängigkeit der Fluktuationen von der Chiralität betrachten wir das Selbstenergieintegral (4.53) in den Grenzfällen $\Delta \ll \kappa^2$ und $\Delta \gg \kappa^2$. Für $\Delta \ll \kappa^2$ gilt ($n \neq 1$)

$$\Sigma(\Delta) = \frac{V\beta^{-1}}{4\pi^2}\kappa\left[n + 2\ln(n-1) + \frac{\pi\kappa}{\sqrt{\Delta}} - \frac{n}{n-1}\right] \qquad (5.34)$$

beziehungsweise ($n = 1$)

$$\Sigma(\Delta) = \frac{V\beta^{-1}}{4\pi^2}\kappa\left[-\ln\frac{\kappa^2}{\Delta} + \frac{\pi}{2}\frac{\kappa}{\sqrt{\Delta}}\right] \qquad (5.35)$$

und für $\Delta \gg \kappa^2$ (für $n = 1$ erhalten wir nur Terme noch höherer Ordnung von κ^2/Δ)

$$\Sigma(\Delta) = \frac{V\beta^{-1}}{4\pi^2}\frac{\kappa^3}{\Delta}n(n-1). \qquad (5.36)$$

Wir sehen also, daß die Fluktuationen für kleine Chiralitäten bzw. große Δ rasch verschwinden. Andererseits nehmen die Fluktuationen für $\kappa^2/\Delta \gg n^2$ mit κ^2 zu. Dies ist ein Effekt der Tatsache, daß die Hamiltonfunktion (4.121) eine charakteristische Länge $1/q_0$ besitzt, die zu einem scharfen Maximum in der Korrelationsfunktion bei $q = q_0$ führt, der nicht auf einen Punkt begrenzt ist, wie das bei einer üblichen ϕ^4-Theorie der Fall wäre (vergleiche Abschnitt 3.2), sondern auf einer Schale mit endlichem Radius liegt. Mit zunehmender Chiralität vergrößert sich dieser Radius, und die Fluktuationen nehmen wegen

$$\int_0^\kappa q^2 \, \mathrm{d}q \sim \kappa^3 \tag{5.37}$$

zu. In einer Dimension, wo diese Schale wieder auf zwei Punkte begrenzt ist, verschwindet diese Zunahme mit κ nahezu vollständig ($\Sigma^{1d} \sim \arctan(\kappa/\sqrt{\Delta})/\sqrt{\Delta}$). Das unterschiedliche Verhalten einer solchen Hamiltonfunktion hat zur Einführung des Begriffes *Hamiltonfunktion vom* BRAZOVSKIĬ-*Typ* [61] geführt. Das Verhalten für sehr große Chiralitäten werden wir im nächsten Unterabschnitt betrachten. Für $n^2 \gg \Delta$ ändert die Selbstenergiefunktion ihren Charakter. Die Auswirkungen sowie eine Interpretation werden wir im übernächsten Unterabschnitt behandeln.

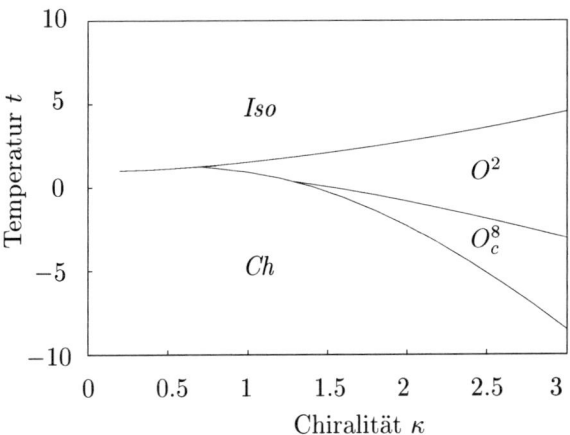

Abbildung 5.3: Phasendiagramm der Blauen Phasen für $\alpha = 0.075$, $n = 1$. O^5 ist fast verschwunden.

Wir wollen nun untersuchen, wie sich die Phasendiagramme für weiter wachsendes α verhalten. Bei $\alpha = 0.075$ hat sich die isotrope Phase schon fast vollständig über die O^5-Struktur gelegt. Da man in Abbildung 5.3 das Auftreten der O^5-Struktur nicht erkennen kann, ist in Abbildung 5.4 ein Ausschnitt vergrößert.

Bei $\alpha = 0.125$ (Abbildung 5.5) hat die isotrope Phase die O^5-Struktur vollständig verdrängt. Die Übergangslinie zur isotropen Phase ist jetzt fast waagerecht. Mit wachsender Chiralität ist aber immer noch O^2 die kubische Struktur, die zuerst stabil wird; der Abstand zum Punkt, an dem O^8 auftritt, hat sich kaum verringert. Dies ändert sich nur wenig bei weiter steigendem Einfluß der Fluktuationen. Bei $\alpha = 0.2$ (Abbildung 5.6) ist die Übergangslinie zur isotropen Phase etwas nach unten gebogen. Für $\alpha = 0.5$ hat die isotrope Phase auch die O^2-Struktur, also die Blaue Phase II fast vollständig verdrängt (vergleiche Abbildung 5.7). Insbesondere ist interessant, daß das (sehr schmale) Phasengebiet der Blauen Phase II bei $\kappa = 2$ endet. Dies ist ein erster Hinweis darauf, daß wir auch dieses Phänomen im Rahmen der Kumulantenentwicklung erklären können. Allerdings ist die Übergangslinie jetzt schon sehr stark nach unten gebogen, die zu diesem Diagramm gehörende experimentelle Übergangstemperatur dürfte unrealistisch hoch sein[5]. Immer noch aber ist O^2 die erste stabile Phase mit wachsender Chiralität. Bei $\alpha = 0.7$ (Abbildung 5.8) schließlich ist auch die O^8-Struktur auf einen schmalen Streifen verengt. Die Blaue Phase II ist hier verschwunden.

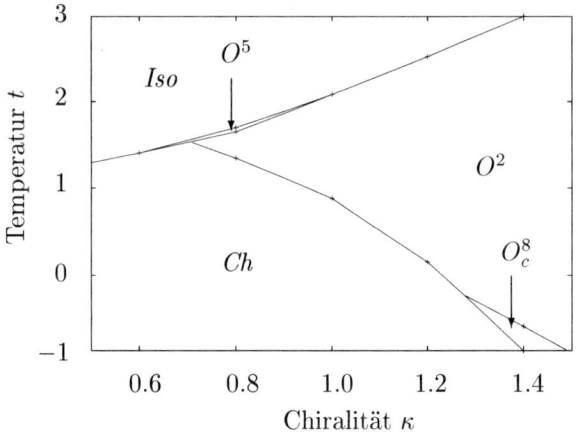

Abbildung 5.4: Phasendiagramm der Blauen Phasen für $\alpha = 0.075$, $n = 1$. Die Kreuze entsprechen den tatsächlich berechneten Werten, die Linien sind lineare Interpolationen.

---

[5]Wir können allerdings keine direkten Vergleiche anstellen, da mindestens ein Landauparameter aus dem Experiment bestimmt werden müßte.

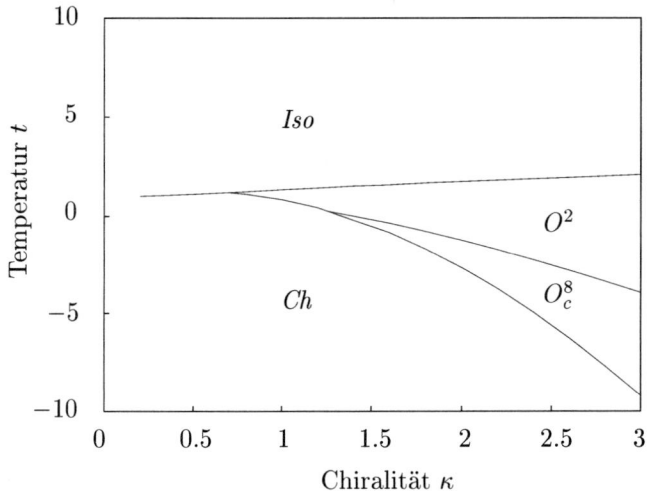

Abbildung 5.5: Phasendiagramm der Blauen Phase für $\alpha = 0.125$, $n = 1$.

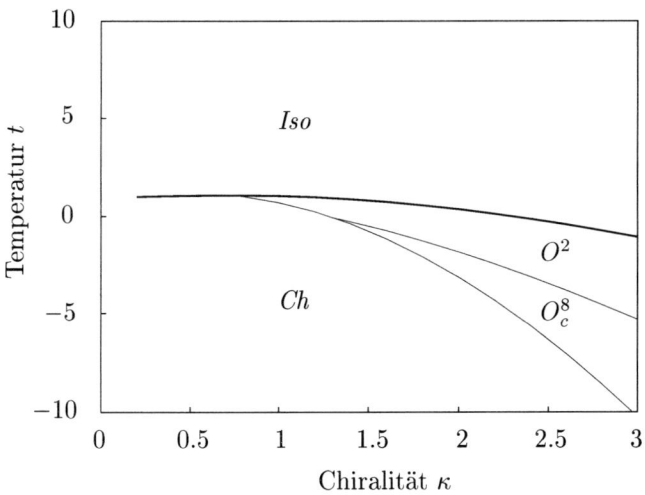

Abbildung 5.6: Phasendiagramm der Blauen Phasen für $\alpha = 0.2$, $n = 1$. Die fette Linie entspricht der fetten Linie in Abbildung 5.21.

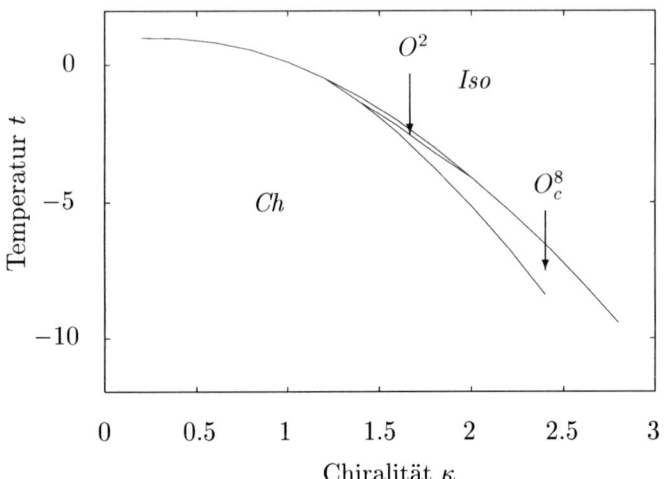

Abbildung 5.7: Phasendiagramm der Blauen Phase für $\alpha = 0.5$, $n = 1$.

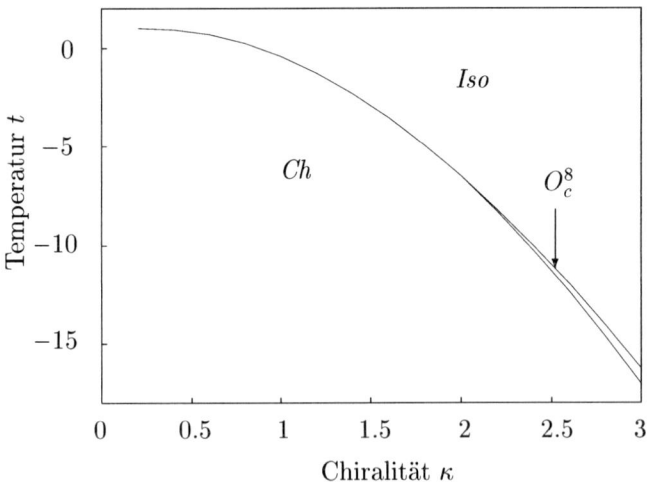

Abbildung 5.8: Phasendiagramm der Blauen Phasen für $\alpha = 0.7$, $n = 1$.

Die Berücksichtigung von Fluktuationen führt also dazu, daß die im Experiment nie beobachtete O^5-Struktur destabilisiert wird, indem sie von der isotropen Phase überdeckt wird. Für schwache Fluktuationen und, damit verbunden, niedrige Übergangstemperaturen des experimentellen Systems müßte es allerdings möglich sein, auch eine solche Struktur zu beobachten. Dieser Frage kann allerdings erst dann nachgegangen werden, wenn die vorhandenen theoretischen Phasendiagramme eine derart hohe qualitative Übereinstimmung mit dem Experiment zeigen, daß eine Eichung der Landauparameter möglich ist. Das Diagramm für $\alpha = 0.5$ zeigt eine O^2-Struktur, die für höhere Chiralitäten verschwindet in Übereinstimmung mit dem Experiment. Im nächsten Unterabschnitt werden wir sehen, daß das Verschwinden der Blauen Phase II für hohe Chiralitäten ein prinzipielles Phänomen darstellt.

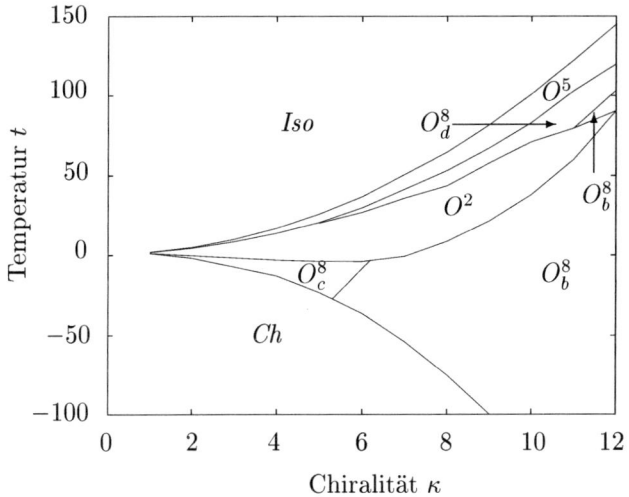

Abbildung 5.9: Mean-Field-Phasendiagramm der Blauen Phasen für Chiralitäten $\kappa \leq 12$.

5.3.2 Phasendiagramme für sehr hohe Chiralitäten

Im letzten Unterabschnitt haben wir gesehen, daß der Einfluß der Fluktuationen für wachsende Chiralität zunimmt. Der Bereich von Chiralitäten $\kappa > 3$ gilt zwar als experimentell nicht zugänglich [22], aus theoretischen Gesichtspunkten ist es aber nichtsdestoweniger interessant, diesen Bereich zu untersuchen. Dazu stellen wir zunächst das Mean-Field-Phasendiagramm für Chiralitäten $\kappa \leq 12$ vor (Abbildung 5.9).

Die gewohnte Mean-Field-Phasenabfolge Ch–O_c^8–O^2–O^5–iso (für steigende Temperatur) wird bei $\kappa \approx 5$ durchbrochen. Zwischen die O^2-Struktur und die O^5-Struktur schiebt sich eine weitere Phase mit O^8-Struktur ein. Solche Wiedereintrittsphänomene (*reentrant phase*) treten nicht selten in flüssigkristallinen Systemen auf (vergleiche zum Beispiel Abbildung 10.18 im Lehrbuch von DE GENNES) [10]. Zur genaueren Aufklärung der neu gewonnenen O^8-Struktur müssen wir die Eigenschaften der bisherigen, der O_c^8-Struktur, betrachten. In unserer Eichung der Ordnungsparameter[6] sind bei der O_c^8-Struktur alle vier Ordnungsparameteramplituden positiv, die ersten beiden sind etwa gleich groß ($\mu_2 \approx \mu_4$), $\mu_6/\mu_2 \approx 0.3$ und $\mu_8/\mu_2 \lesssim 0.06$. Dieser Sachverhalt ist auch in Abbildung 2.2 deutlich zu erkennen. GREBEL und Mitarbeiter geben außerdem eine O_a^8- und eine O_b^8-Struktur an. Die O_a^8-Struktur ist dadurch gekennzeichnet, daß ihre führenden zwei Amplituden negatives Vorzeichen besitzen. Ihre Beträge sind wieder etwa gleich groß. Die übrigen zwei Amplituden sind wesentlich kleiner. O_a^8 beobachten wir in keinem der berechneten Phasendiagramme. Charakteristisch für O_b^8 ist, daß die zweite Amplitude sehr klein wird. Wir haben als Bedingung für die O_b^8-Struktur in leichter Anpassung von GREBEL und Mitarbeitern $\mu_2/\mu_4 \lesssim 0.15$ gewählt. Die beiden führenden Amplituden sind hier wieder negativ. Wir beobachten nun noch eine weitere Phase, in der $\mu_2 > 0$, $\mu_4 < 0$ und $\mu_2/|\mu_4| \lesssim 0.2$. Diese Phase wird von GREBEL und Mitarbeitern nicht beschrieben. Wir nennen sie O_d^8. Die Ordnungsparameterwerte sind genauer in Unterabschnitt 5.3.4 diskutiert.

Bei $\kappa = 6$ geht die O_c^8-Struktur in die O_b^8-Struktur über. Gleichzeitig steigt die Phasenübergangslinie zwischen O^8 und O^2 wieder an und trifft die Übergangslinie zur wiedereintretenden O^8-Struktur bei $\kappa \approx 12$. Die neugewonnene O_d^8-Struktur geht dort wieder in die O_b^8-Struktur über. Eine quadratische Extrapolation der Übergangslinien zwischen der O^8- und der O^2-Struktur einerseits und zwischen der O^5-Struktur und der isotropen Phase andererseits sagt einen Schnitt dieser

---

[6]Bei der Bestimmung der Basistensoren erhält man eine Phasenfreiheit von $\pm\pi$, die sich in einer Freiheit der Amplituden von ± 1 niederschlägt. Außerdem haben wir im Vergleich zu GREBEL und Mitarbeitern eine andere Normierung verwendet (vergleiche Abschnitt 2.2).

beiden Übergangslinien bei $\kappa \approx 18$ voraus. Anders ausgedrückt heißt das, daß in Mean-Field-Näherung ein Verschwinden der Blauen Phase II gegenüber der isotropen Phase erst bei $\kappa \gtrsim 18$ erwartet werden kann.

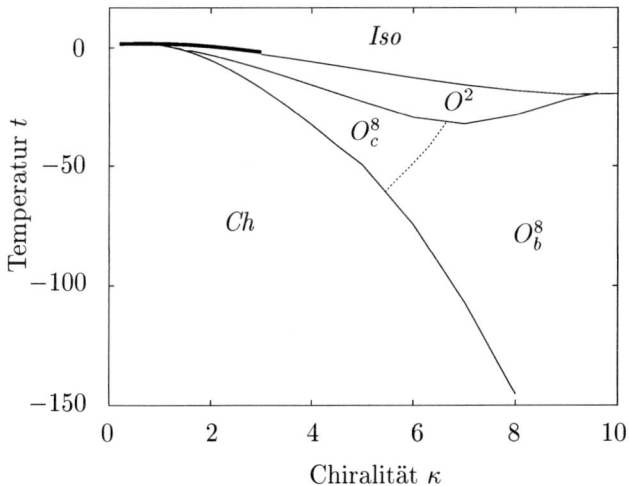

Abbildung 5.10: Phasendiagramm der Blauen Phasen für Chiralitäten $\kappa \leq 10$, $\alpha = 0.2$, $n = 1$.

Wie wir schon im vorigen Unterabschnitt gesehen haben, wird die Übergangslinie zur isotropen Phase nach unten gebogen. Dieser Effekt führt dazu, daß nun auch die O^2-Struktur schon bei kleineren Chiralitäten ($\kappa \approx 9$ für $\alpha = 0.2$, vergleiche Abbildung 5.10) verschwindet. Für $\alpha = 0.3$ verschiebt sich dieser Punkt gegen $\kappa \approx 8$, für $\alpha = 0.4$ liegt er bei $\kappa = 5$. Den Fall $\alpha = 0.5$ hatten wir schon im vorigen Unterabschnitt behandelt. Dort verschwindet die Blaue Phase II schon bei $\kappa \approx 2$. Das immer frühere Verschwinden der Blauen Phase II erkaufen wir uns aber mit einer immer steiler zu negativen (relativen) Temperaturen abfallenden Übergangslinie zur isotropen Phase. In der Tat aber bringen Fluktuationen den Punkt, an dem die Blaue Phase II verschwindet in die Nähe der experimentellen Situation.

An dieser Stelle seien noch einmal die bisherigen Ergebnisse zusammengefaßt. Fluktuationen sind dafür verantwortlich, daß die Übergangslinie zwischen den geordneten und der isotropen Phase abgesenkt wird. Dieser Effekt wächst mit zunehmender Chiralität. Dadurch verdrängt die isotrope Phase zunächst die nie beobachtete O^5-Struktur und führt anschließend das Verschwinden der Blauen Phase II ab einer gewissen Grenzchiralität herbei. Für eine vollständige Interpretation des experimentellen Phasendiagramms fehlen mithin nur noch zwei Punkte. Zum einen kann bisher noch nicht erklärt werden, warum mit wachsender Chiralität zunächst die Blaue Phase I stabil wird. Dafür mag die Ursache die ungenügende Näherung für die Fluktuationen sein. In höherer Ordnung der Kumulantenentwicklung könnte es sein, daß die Übergangslinie zur isotropen Phase von vornherein bei tieferen Temperaturen liegt als in erster Ordnung. Dies müßte demzufolge in einer Weise geschehen, daß die O^2-Struktur auch für kleine Chiralitäten von der isotropen Phase verdrängt wird, in einem Zwischenbereich aber stabil bleibt. Das ausgeprägte Minimum der Übergangslinie O^8–O^2 läßt dafür auf jeden Fall genügend Spielraum. Der gleiche Mechanismus könnte auch den Punkt, an dem die Blaue Phase II verschwindet, zu kleineren Chiralitäten rücken. Im nächsten Kapitel werden wir uns mit höheren Ordnungen der Kumulantenentwicklung beschäftigen. Es übersteigt aber den Rahmen dieser Arbeit bei weitem, die erweiterte Theorie auf die Blauen Phasen anzuwenden.

Zum anderen enthalten unsere Phasendiagramme bisher kein Modell für die Blaue Phase III. Bereits in Abschnitt 4.7 haben wir aber ein solches Modell angesprochen. Wir werden es in Unterabschnitt 5.3.5 im Rahmen der Kumulantenentwicklung und der damit berechneten Phasendiagramme noch einmal diskutieren. Zunächst aber wenden wir uns einer anderen Frage zu, der des Abschneideradius. Bisher hatten wir diesen immer gleich κ gewählt, also $n = 1$. Wir wollen im nächsten Unterabschnitt betrachten, ob und wie sich die Phasendiagramme ändern, wenn wir zu höheren n übergehen.

5.3.3 Phasendiagramme für $n > 1$

Beim Übergang zu größeren n können wir nicht erwarten, daß sich die Phasendiagramme überhaupt nicht ändern. Dies sieht man allein schon im Vergleich der Gleichungen (5.34) bis (5.36). Zum einen besitzen $n = 1$ und $n > 1$ unterschiedliche Grenzfälle für $\Delta \ll \kappa^2$ — das betrifft vor allem die isotrope Phase —, zum anderen zeigen die Grenzfälle $\Delta \ll \kappa^2$

und $\Delta \gg \kappa^2$ eine unterschiedliche Abhängigkeit von n, das heißt, die isotrope Phase und die geordneten Phasen hängen unterschiedlich von n ab, wenn man berücksichtigt, daß Δ in den geordneten Phasen groß ist[7]. Wenn wir uns darauf konzentrieren, eine ähnliche Phasenabfolge der geordneten Phase zu erhalten, lesen wir aus Gleichung (5.36) ab, daß die Selbstenergiefunktion mit dem Quadrat von n, aber nur linear in α verläuft. Wählen wir daher n doppelt so groß, müssen wir zum Ausgleich dafür (um ein ähnliches Phasendiagramm zu erhalten) α um einen Faktor vier reduzieren.

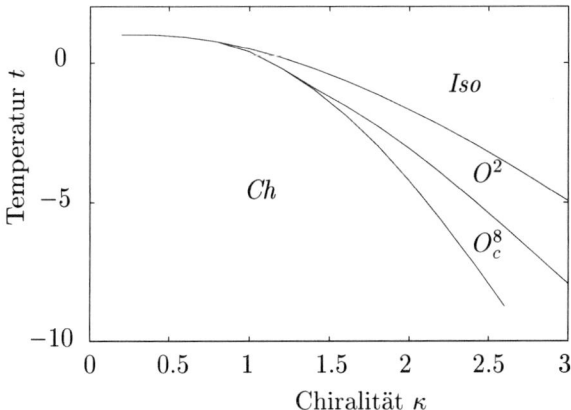

Abbildung 5.11: Phasendiagramm der Blauen Phasen für $\alpha = 0.05$, $n = 2$.

In Abbildung 5.11 ist ein Phasendiagramm für $n = 2$, in Abbildung 5.12 eines für $n = 3$ dargestellt. Beide weichen offensichtlich qualitativ nur wenig von Diagramm 5.6 ab. In Diagramm 5.13 für $n = 4$ ist die Abweichung von Diagramm 5.6 schon ziemlich offensichtlich. Die Phasenübergangslinie zur isotropen Phase fällt nicht mehr so stark ab und steigt für $\kappa \gtrsim 2.5$ sogar wieder leicht an. Dieser Trend läßt sich bei weiterer Erhöhung von n bestätigen. Bei $n \approx 10$ tritt auch die O^5-Struktur wieder auf, die Phasendiagramme werden komplizierter.

---

[7]Wir werden dies im nächsten Unterabschnitt sehen.

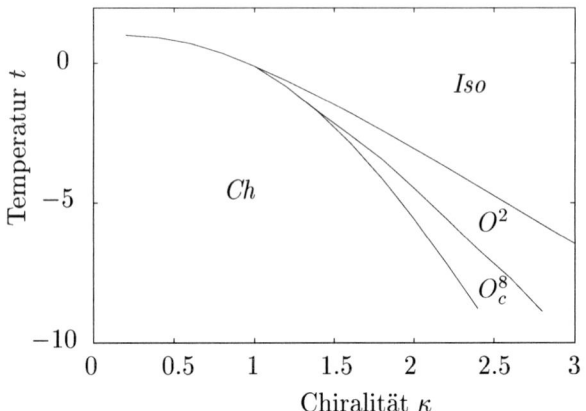

Abbildung 5.12: Phasendiagramm der Blauen Phasen für $\alpha = 0.03$, $n = 3$.

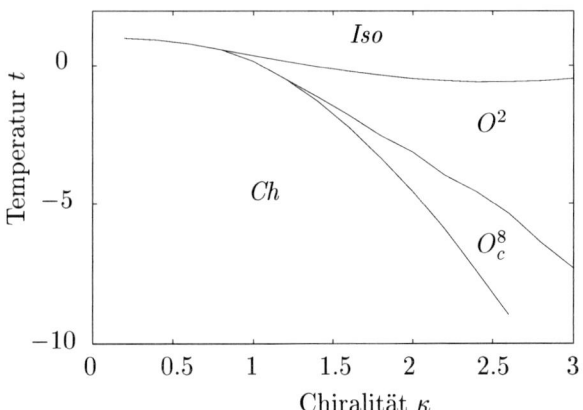

Abbildung 5.13: Phasendiagramm der Blauen Phasen für $\alpha = 0.012$, $n = 4$.

Es gibt also offenbar eine obere Grenze für den Abschneideradius. Dies ist auch verständlich. Denn der Ordnungsparameter $\mathbf{Q}(\mathbf{r})$ ist nach

Abschnitt 2.1 durch eine Mittelung auf einer mesoskopischen Skala von einigen hundert Ångström definiert. Bei einer Moleküllänge von ungefähr zwanzig Ångström bedeutet das, daß die mesoskopische Skala etwa zehn Moleküllängen entspricht. Die Gitterkonstante dagegen beträgt einige tausend Ångström. Für $n = 1$ berücksichtigen wir nur langwellige Fluktuationen mit größerer Wellenlänge als der Gitterkonstanten. Mit Erhöhung von n fügen wir nach und nach immer kurzwelligere Fluktuationen hinzu. Bei $n = 10$ schließlich haben wir die mesoskopische Skala erreicht, auf der der Ordnungsparameter definiert ist. Größere Abschneideradien sind daher nicht sinnvoll, da wir über molekulare Phänomene mit einer mesoskopischen Theorie keine Aussagen machen können. Aus Abbildung 5.13 und dem zuvor Gesagten schließen wir, daß die Phasendiagramme für wachsendes n wieder Mean-Field-ähnlicher werden. In Gleichung (4.53) wird das dadurch ausgedrückt, daß der Term $n\kappa$, der nicht von Δ abhängt, dominiert. Dies wiederum bedeutet, daß die vormals beherrschenden Beiträge, die die langwelligen Fluktuationen beschreiben, effektiv unterdrückt werden. Die Selbstenergiefunktion wird also von aussagelosen kurzwelligen Fluktuationen bestimmt. Zusammenfassend stellen wir also fest, daß innerhalb eines sinnvollen Bereichs für $n > 1$ die Phasendiagramme für $n = 1$ qualitativ Bestand haben.

5.3.4 Ordnungsparameterwerte für $n = 1$

In diesem Unterabschnitt wollen wir zunächst summarisch die Änderungen der Ordnungsparameterwerte bei Berücksichtigung von Fluktuationen sowie das Verhalten des Parameters Δ in den geordneten Phasen betrachten. Außerdem werden wir die bei hohen Chiralitäten auftretenden Strukturen O_b^8 und O_d^8 anhand des Mean-Field-Falles quantifizieren.

Die Korrekturen zum Ordnungsparameter aufgrund von Fluktuationen lassen sich leicht durch zwei Charakteristika beschreiben. Einerseits werden die Amplituden betragsmäßig abgesenkt, andererseits wird die starke Krümmung in der Temperaturabhängigkeit durch die Verschiebung des Phasenübergangs zur isotropen Phase ebenfalls zu tieferen Temperaturen verschoben. Der Sprung der Ordnungsparameter wird dadurch größer, der Phasenübergang also stärker erster Ordnung. Dieser Effekt nimmt mit wachsender Chiralität zu. Am Beispiel der O^2-Struktur ist dies in den Abbildungen 5.14 und 5.15 dargestellt.

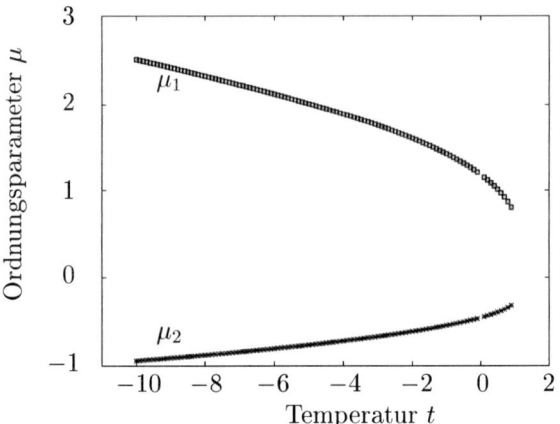

Abbildung 5.14: Ordnungsparameter der O^2-Struktur für $\kappa = 0.2$. Die Mean-Field-Amplituden und die Amplituden für $\alpha = 0.2$ lassen hier fast nicht unterscheiden.

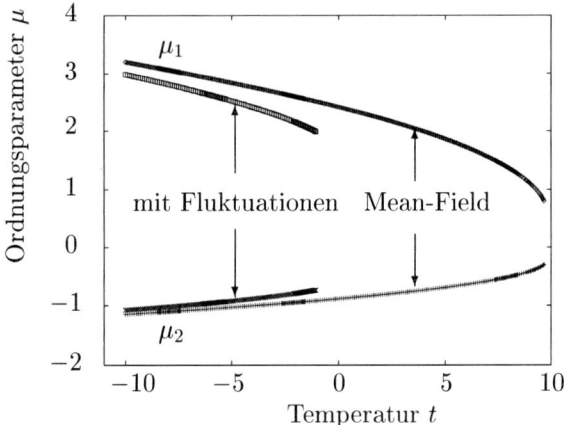

Abbildung 5.15: Ordnungsparameter der O^2-Struktur für $\kappa = 3$. Die Ordnungsparameter für $\alpha = 0.2$ nehmen deutlich niedrigere Werte an. Durch den sehr stark zu tieferen Temperaturen verschobenen Phasenübergang kommt es dennoch zu einem größeren Ordnungsparameter am Phasenübergang.

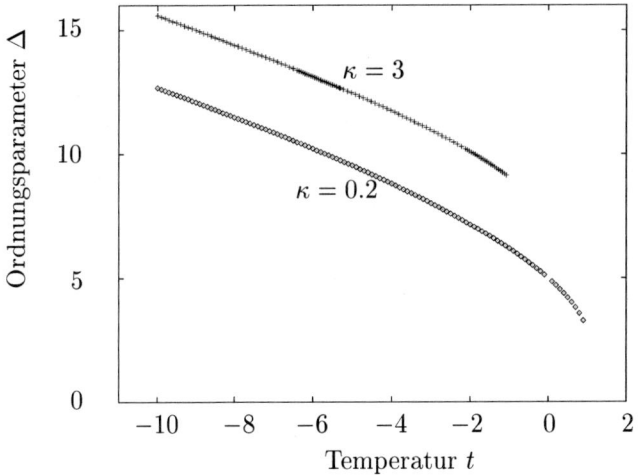

Abbildung 5.16: Ordnungsparameter Δ der O^2-Struktur für $\alpha = 0.2$.

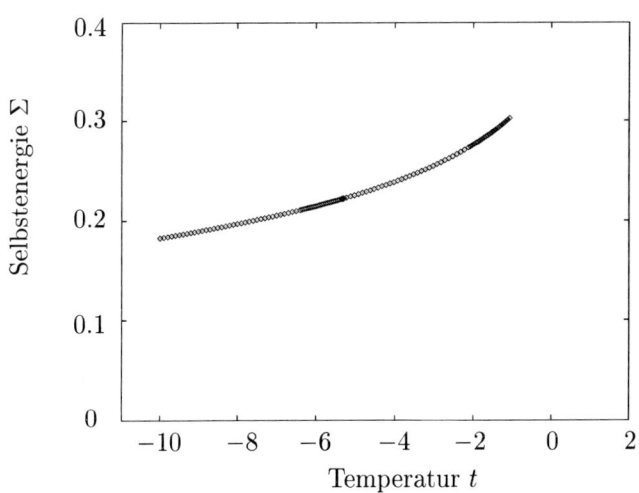

Abbildung 5.17: Selbstenergie Σ in der O^2-Struktur für $\kappa = 3$.

Die Werte des Ordnungsparameters[8] Δ sind in den geordneten Phasen für alle Chiralitäten groß. Dies ist in Abbildung 5.16 wieder für die O^2-Struktur illustriert. Das Selbstenergieintegral $\Sigma(\Delta)$ ist daher sehr klein (vergleiche Abbildung 5.17). Die Kopplung des Gleichgewichtsordnungsparameter $\bar{\mu}$ an Σ in Gleichung (5.31) ist dann vernachlässigbar. Die Korrekturen der Fluktuationen zur freien Enthalpie sind dementsprechend für alle geordneten Phasen von der gleichen Größenordnung. Die relative Phasenabfolge des Mean-Field-Phasendiagramms bleibt deshalb auch unter Berücksichtigung von Fluktuationen erhalten. Der Gaußsche Term $\int \Sigma d\Delta$ in Gleichung (5.31) dagegen ist recht groß und damit auch die Korrektur zur freien Enthalpie durch Fluktuationen; für $\kappa = 3$ und $\alpha = 0.2$ kann diese über 50% betragen. Dieser hohe Wert ist wesentlich für die Absenkung des Phasenübergangs verantwortlich.

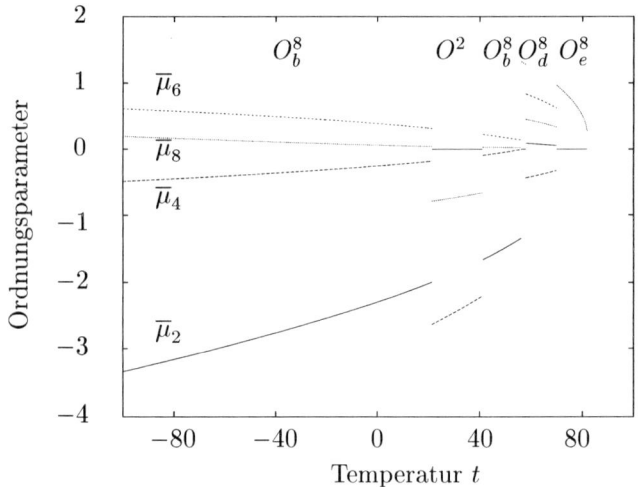

Abbildung 5.18: Mean-Field-Ordnungsparameter in der O^8-Struktur für $\kappa = 9$.

Wir werden an dieser Stelle noch die Ordnungsparameter der im Phasendiagramm 5.9 vorkommenden Strukturen O_b^8 und O_d^8 diskutie-

---

[8]Die Bezeichnung „Ordnungsparameter" für Δ wird im nächsten Unterabschnitt gerechtfertigt werden.

ren. In Abbildung 5.18 sind die Ordnungsparameter für $\kappa = 9$ gegen die Temperatur aufgetragen. Für $t \lesssim 21$ sowie für $41 \lesssim t \lesssim 56$ ist der führende Ordnungsparameter $\overline{\mu}_2$ betragsmäßig sehr viel größer als die übrigen Ordnungsparameter. Diese Struktur kann man der von GRE-BEL und Mitarbeitern angegebenen O_b^8-Struktur zuordnen [22]. Zwischen $t \approx 21$ und $t \approx 42$ verschwinden $\overline{\mu}_2$ und $\overline{\mu}_6$. Was wir hier sehen, ist die O^2-Struktur. Denn jedes Objekt, das unter der Raumgruppe O^2 invariant ist, ist gleichzeitig auch unter der Raumgruppe O^8 invariant. Dabei werden jedem Stern aus O^2 ein Stern aus O^8 mit doppelter Länge der Repräsentanten zugeordnet. Für $57 \lesssim t \lesssim 69$ ist der führende Ordnungsparameter $\overline{\mu}_2$ sehr viel kleiner als die übrigen Ordnungsparameter. Wir nennen diese Struktur O_d^8. Sie wurde ebenso wie die nur metastabil für $t \gtrsim 69$ auftretende Struktur O_e^8, in der nur $\overline{\mu}_8$ größer als Null ist, nicht von GREBEL und Mitarbeitern angegeben.

5.3.5 Verhalten der isotropen Phase

Im vorigen Unterabschnitt haben wir den Parameter Δ als Ordnungsparameter bezeichnet. Wir werden nun sehen, wie diese Benennung zu rechtfertigen ist, und eine physikalische Deutung von Δ erhalten.

Die Gaußsche Korrelationsfunktion im reziproken Raum ist nach Gleichung (5.24) durch

$$G_0(\mathbf{q}, -\mathbf{q}) = \frac{2}{\Delta + (q - \kappa)^2} \qquad (5.38)$$

gegeben. Daraus gewinnt man die Korrelationsfunktion im direkten Raum durch Fouriertransformation:

$$\begin{aligned} G_0(|\mathbf{r} - \mathbf{r}_0|) &= \int \frac{\mathrm{d}^3 q}{(2\pi)^3} \frac{2}{\Delta + (q - \kappa)^2} e^{i\mathbf{q} \cdot \mathbf{r}} \\ &\sim \int_0^{2\pi} \int_0^{\pi} \int_0^{\infty} \frac{q^2 \sin\theta}{\Delta + (q - \kappa)^2} \exp(iqr\cos\theta) \mathrm{d}q \mathrm{d}\theta \mathrm{d}\phi \\ &\sim \int_0^{\infty} \frac{q \sin(qr)}{\Delta + (q - \kappa)^2} \mathrm{d}q. \end{aligned} \qquad (5.39)$$

Die Integration über q werden wir nur qualitativ auswerten. Für $\kappa = 0$

ist die Lösung des Integrals gut bekannt[9]:

$$G_0^{\kappa=0,\Delta}(|\mathbf{r} - \mathbf{r}_0|) = \pi^2 \exp\left(-\sqrt{\Delta}r\right). \tag{5.40}$$

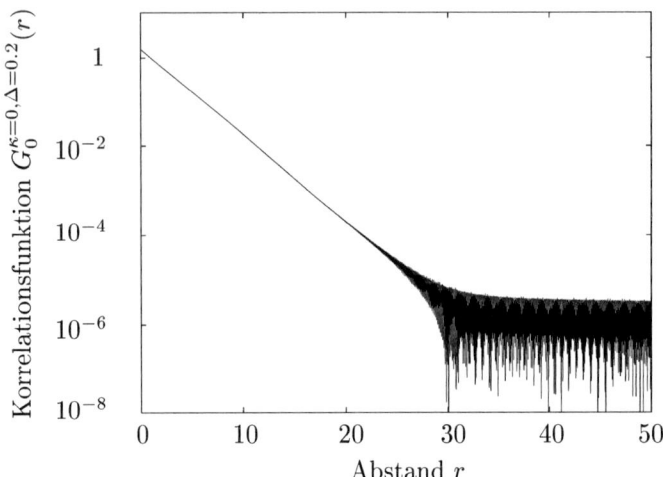

Abbildung 5.19: $G_0(r)$ für $\Delta = 0.2$ und $\kappa = 0$ in einfach-logarithmischem Maßstab, berechnet mit Hilfe einer Fast-Fourier-Transformation. Die exakte Lösung entspricht einer Gerade mit negativer Steigung. Man sieht deutlich das Versagen der Numerik für $r \gtrsim 30$.

$\sqrt{\Delta}$ nimmt also die Rolle einer inversen Korrelationslänge ein, das heißt, es bestimmt, auf welcher Längenskala die Korrelationen der cholesterischen Ordnung abfallen. Schreibt man den Nenner der Korrelationsfunktion im reziproken Raum als

$$\Delta + (q - \kappa)^2 = (q - \kappa + i\sqrt{\Delta})(q - \kappa - i\sqrt{\Delta}), \tag{5.41}$$

so sieht man ein, daß für $\kappa \neq 0$ die Korrelationsfunktion im direkten Raum mit κ moduliert wird:

$$G_0^{\kappa,\Delta}(|\mathbf{r} - \mathbf{r}_0|) \propto \sin(\kappa r)\exp\left(-\sqrt{\Delta}r\right). \tag{5.42}$$

---

[9]Das Integral ist unnormiert.

Um diese Aussage zu prüfen, haben wir eine numerische Fast-Fourier-
Transformation der Korrelationsfunktion durchgeführt. Das Ergebnis
für $\kappa = 0$ ist in Abbildung 5.19 dargestellt. Man erkennt sehr gut den
exponentiellen Abfall der Korrelationen für $r \lesssim 30$. Danach wird die
Fast-Fourier-Transformation ungenau.

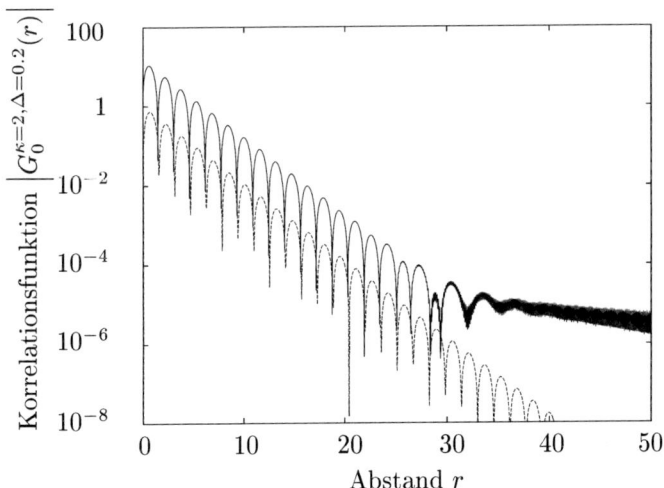

Abbildung 5.20: Durchgezogene Linie: Betrag der Korrelationsfunktion
$G_0(r)$ für $\Delta = 0.2$ und $\kappa = 2$ in einfach-logarithmischem Maßstab, berechnet mit Hilfe einer Fast-Fourier-Transformation. Gestrichelte Linie:
$\sin(\kappa r)\exp\left(-\sqrt{\Delta}r\right)$.

In Abbildung 5.20 ist das Ergebnis für $\kappa = 2$ dargestellt. Für $\kappa \lesssim 30$
sehen wir das schon erwartete Ergebnis: Der Geraden mit negativer
Steigung, also dem exponentiellen Abfall, ist eine Modulation überla-
gert. Aufgetragen ist der Betrag der Korrelationsfunktion. Für $\kappa \gtrsim 30$
ist wieder das Versagen der Fast-Fourier-Transformation zu beobachten. Das berechnete Verhalten stimmt sehr gut mit dem in Gleichung
(5.42) angegebenen Ergebnis überein, wie Abbildung 5.20 veranschaulicht. Tatsächlich entspricht also auch in unserem Fall die Größe $\sqrt{\Delta}$
einer inversen Korrelationslänge.

Wir kommen nun noch einmal auf das bereits in Abschnitt 4.4 beschriebene Verhalten von Δ in der isotropen Phase zurück. In Abbildung 5.21 ist Abbildung 4.2 noch einmal leicht verändert wiedergegeben. Wie bereits im letzten Kapitel beschrieben, erkennt man in Abbildung 5.21 für kleine Chiralitäten zwei Bereiche. Für niedrige Temperaturen ist $\sqrt{\Delta}$ klein, die Korrelationslänge also groß; für hohe Temperaturen ist die Korrelationslänge um bis zu zwei Größenordnungen kleiner. Die beiden Bereiche werden durch einen glatten Übergang verbunden. Für wachsende Chiralitäten verschwindet dieser Übergang. Den Bereich starker Korrelationen haben in Kapitel 4 der Blauen Phase III zugeordnet, den Bereich schwacher Korrelationen der isotropen Phase. Das Verschwinden des Übergangs weist auf den kritischen Punkt im experimentell gemessenen Phasendiagramm hin.

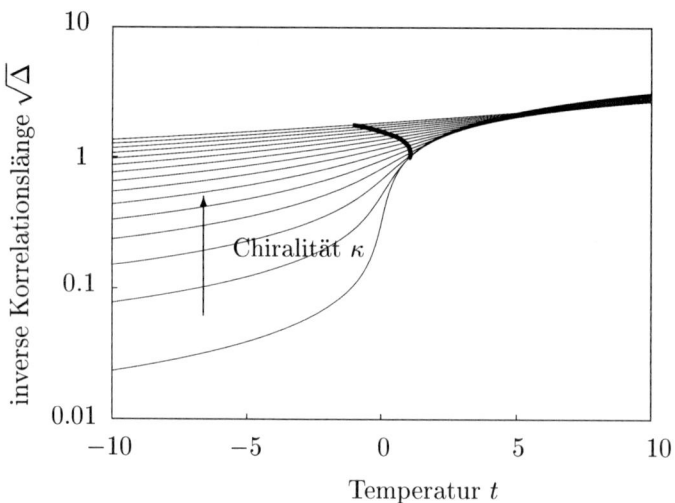

Abbildung 5.21: Inverse Korrelationslänge $\sqrt{\Delta}$ in Abhängigkeit von der Temperatur t für Werte von κ zwischen 0.2 und 3.0 und $\alpha = 0.2$. Die fette Linie kennzeichnet den Phasenübergang zwischen den geordneten Phasen und der isotropen Phase und entspricht der in Abbildung 5.6. Links der fetten Linie ist die isotrope Phase metastabil, rechts stabil.

In den in dieser Arbeit berechneten Phasendiagrammen ist die hochkorrelierte isotrope Phase nur metastabil. Dies ist in Abbildung 5.21

durch die fette Linie angedeutet, die den Übergang zwischen den geordneten und der isotropen Phase markiert. Es ist aber zu bemerken, daß mit dem starken Ansteigen von Δ, also dem starken Absinken der Korrelationslänge auch ein starker Anstieg der freien Enthalpie von negativen zu positiven Werten stattfindet. Dies übersieht man leicht aus der freien Enthalpie (4.133): Das Selbstenergiequadrat wird groß, wenn Δ klein ist, da die Selbstenergie proportional zu $\Delta^{-1/2}$ ist. In der freien Enthalpie aber steht das Selbstenergiequadrat mit einem negativen Vorzeichen. Ist umgekehrt Δ groß, so dominiert der Gaußsche Term $\int \Sigma d\Delta$, der proportional zu $+\sqrt{\Delta}$ ist.

In erster Ordnung der Kumulantenentwicklung erhalten wir also keine zweite isotrope Phase. Im folgenden Kapitel werden wir für eine einfachere Hamiltonfunktion zeigen, daß in höherer Ordnung der Kumulantentwicklung ein echter Phasenübergang zwischen zwei isotropen Phasen zu erwarten ist und sogar ein kritischer Punkt.

Kapitel 6

Ergebnisse in höherer Ordnung

Die Erweiterung der Kumulantentheorie auf höhere Ordnungen bereitet konzeptionell keine großen Schwierigkeiten. Die Durchführung erweist sich allerdings als äußerst mühsames Unterfangen. Wir sind in diesem Kapitel besonders daran interessiert, ob es unter Berücksichtigung dieser höheren Ordnungen die Möglichkeit eines Phasenübergangs oder gar eines kritischen Punktes innerhalb der isotropen Phase gibt. Wir untersuchen dies an dem einfacheren Modell aus Abschnitt 5.1. Zunächst werden wir dafür das Verhalten der isotropen Phase in erster Ordnung beschreiben. Dabei werden wir sehen, daß das qualitative Ergebnis ähnlich dem für die Blauen Phasen ist. Dies wird uns eine gewisse Rechtfertigung geben, daß die später gewonnenen Ergebnisse auch auf das System der Blauen Phasen übertragbar sind. Beim Übergang zu höheren Ordnungen müssen wir berücksichtigen, daß die höchste Ordnung aus Stabilitätsgründen immer von ungerader Potenz sein muß. Wir führen daher als Erweiterung der Theorie eine Entwicklung in dritter Ordnung der Kumulanten durch. Über eine längere Rechnung gelangen wir schließlich zu einer komplizierten freien Enthalpie für die isotrope Phase. Deren Auswertung zeigt, daß das qualitative Verhalten der Korrelationslänge für hohe und tiefe Temperaturen, also entfernt vom Phasenübergang zu den geordneten Phasen unverändert bleibt. Am Phasenübergang jedoch entwickelt sich ein isostruktureller Phasenübergang innerhalb der isotropen Phase. Dieser Phasenübergang verschwindet mit zunehmendem q_0. Wir beobachten also einen kritischen Punkt.

6.1 Ergebnisse in erster Ordnung

Zu Beginn dieses Kapitels über höhere Ordnungen wollen wir noch einmal das hier verwendete Modell und die Ergebnisse in erster Ordnung kurz diskutieren. Wir benutzen die inzwischen wohlbekannte ϕ^4-Hamiltonfunktion

$$\mathcal{H}[\phi] = \frac{1}{2} \sum_{\mathbf{q}} [t + (q - q_0)^2] \phi_{\mathbf{q}} \phi_{-\mathbf{q}} + \frac{\lambda}{4!} \sum_{\mathbf{q}_1 + \mathbf{q}_2 + \mathbf{q}_3 + \mathbf{q}_4 = 0} \phi_{\mathbf{q}_1} \phi_{\mathbf{q}_2} \phi_{\mathbf{q}_3} \phi_{\mathbf{q}_4}$$

$$(5.1)$$

sowie die Gaußsche Hamiltonfunktion

$$\mathcal{H}'[\phi'] = \frac{1}{2} \sum_{\mathbf{q}} (\Delta + (q - q_0)^2) \phi'_{\mathbf{q}} \phi'_{-\mathbf{q}}. \qquad (5.5)$$

aus Abschnitt 5.1. Der wesentliche Unterschied zwischen der Hamiltonfunktion (5.1) und der der Blauen Phasen besteht im Fehlen des kubischen Terms und dem Fehlen der Basistensoren **M**. Dies vereinfacht die Hamiltonfunktion erheblich. Die freie Enthalpie in erster Ordnung der Kumulantenentwicklung lautet

$$F = F^{\mathrm{MF}}[\overline{\phi}] - \beta^{-1} \ln Z' + \left\langle \widetilde{\mathcal{H}}[\overline{\phi}, \phi'] - \mathcal{H}'[\phi'] \right\rangle_{\mathcal{H}'}. \qquad (5.12)$$

mit den Konventionen aus Abschnitt 5.1. Für den letzten Term erhalten wir

$$\left\langle \widetilde{\mathcal{H}}[\overline{\phi}, \phi'] - \mathcal{H}'[\phi'] \right\rangle_{\mathcal{H}'} = \frac{1}{2} \sum_{\mathbf{k}} (t - \Delta) \left\langle \phi'_{\mathbf{k}} \phi'_{-\mathbf{k}} \right\rangle_{\mathcal{H}'}$$

$$+ \frac{\lambda}{8} \left[\sum_{\mathbf{k}} \left\langle \phi'_{\mathbf{k}} \phi'_{-\mathbf{k}} \right\rangle_{\mathcal{H}'} \right]^2 + \frac{\lambda}{4} \sum_{\mathbf{k}} \overline{\phi}_{\mathbf{k}} \overline{\phi}_{-\mathbf{k}} \sum_{\mathbf{k}'} \left\langle \phi'_{\mathbf{k}} \phi'_{-\mathbf{k}} \right\rangle_{\mathcal{H}'}. \qquad (5.13-5.16)$$

Mit der Definition der Selbstenergiefunktion

$$\Sigma(\Delta) = \frac{\beta^{-1}V}{(2\pi)^3} \int \mathrm{d}^3 q \, G_0(\mathbf{q}) \sim \sum_{\mathbf{q}} \langle \phi'_{\mathbf{q}} \phi'_{-\mathbf{q}} \rangle \qquad (5.21)$$

ergibt sich schließlich

$$F = F^{\mathrm{MF}} + \frac{1}{2} \int \Sigma(\Delta')\mathrm{d}\Delta'$$
$$+ \frac{1}{2} \left(t - \Delta + \frac{\lambda}{2} \sum_{\mathbf{q}} \overline{\phi}_{\mathbf{q}} \overline{\phi}_{-\mathbf{q}} + \frac{\lambda}{4}\Sigma(\Delta) \right) \Sigma(\Delta). \qquad (5.22)$$

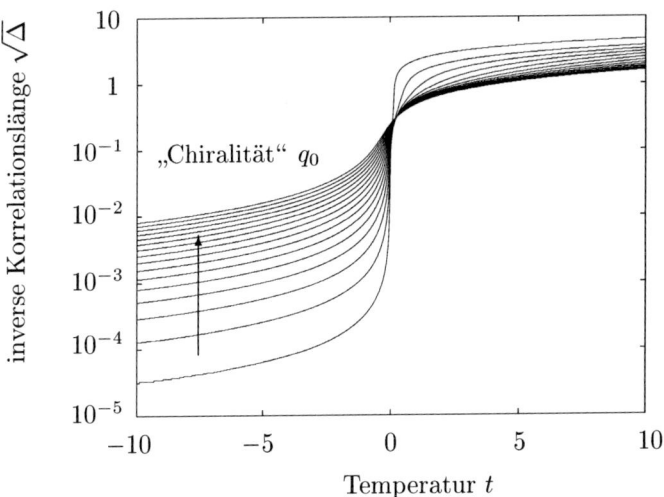

Abbildung 6.1: Inverse Korrelationslänge $\sqrt{\Delta}$ in Abhängigkeit von der Temperatur t für Werte von q_0 zwischen 0.2 und 3.0.

Der Parameter Δ, also die quadratische inverse Korrelationslänge wird bestimmt durch

$$t - \Delta + \frac{\lambda}{2} \sum_{\mathbf{q}} \overline{\phi}_{\mathbf{q}} \overline{\phi}_{-\mathbf{q}} + \frac{\lambda}{2}\Sigma(\Delta) = 0. \qquad (5.23)$$

Für die isotrope Phase gilt $\overline{\phi} = 0$. Für $\Sigma = 0$ (oder auch $\lambda = 0$) sind dann t und Δ gleich. Die Selbstenergie Σ gibt also die Korrekturen durch Fluktuationen an. Wir werten Gleichung 5.23 für die isotrope Phase aus und erhalten ein ähnliches Diagramm (vergleiche Abbildung 6.1) wie im Fall der Blauen Phasen (vergleiche Abbildung 5.21). Im Unterschied zu dort sind die Korrelationen um bis zu drei Größenordnungen stärker, der glatte Übergang bei $t = 0$ ist wesentlich steiler als bei den Blauen Phasen. Qualitativ jedoch ergibt sich hier wie dort ein Bereich starker und ein Bereich schwacher Korrelationen, die durch einen glatten Übergang verbunden sind.

6.2 Berechnung der dritten Ordnung

Wir wollen nun untersuchen, wie sich dieses Verhalten bei Berücksichtigung höherer Ordnungen verändert. Aus Gleichung (5.9) sowie der Entwicklung (5.11) lesen wir ab, daß die zweite Ordnung der freien Enthalpie ein negatives Vorzeichen trägt[1]:

$$-\frac{\beta}{2}\left(\langle \delta \mathcal{H}^2 \rangle - \langle \delta \mathcal{H} \rangle^2\right) \quad \text{mit} \quad \delta \mathcal{H} = \widetilde{\mathcal{H}} - \mathcal{H}'. \tag{6.1}$$

Wie man aus Gleichung (3.55) erschließt, sind die Terme in $\langle \delta \mathcal{H} \rangle^2$ die nicht zusammenhängenden Terme von $\langle \delta \mathcal{H}^2 \rangle$. Der Ausdruck (6.1) ist daher unabhängig von der verwendeten Hamiltonfunktion strikt negativ. Da er uns aber andererseits die führende Ordnung in Δ liefern wird, erhält man aus einer Entwicklung bis zur zweiten Ordnung (wie auch anderer gerader Ordnungen) keine stabilen Zustände, so wie man auch aus einer Landau-Entwicklung bis zu ungerader Ordnung nur instabile Zustände erhält. Wir müssen die freie Enthalpie also bis zur dritten Ordnung entwickeln (vergleiche Gleichung (5.11)). Dies erzeugt eine sehr beachtliche Anzahl von Termen. Dabei gibt es keine Terme, die a priori vernachlässigt werden können. Denn das uns interessierende Verhalten bei $t = 0$ wird von $\Delta \approx 1$ bestimmt, das heißt, alle Potenzen Δ^{-n} können wesentlich beitragen. Wir werden daher im Verlauf der Rechnung einige vereinfachende Notationen einführen. Wir definieren

---

[1] Wir lassen fortan bei der Mittelung die Kennzeichnung der Hamiltonfunktion weg und vereinbaren eine Mittelung über $\mathcal{H}'$.

zunächst

$$T = t - \Delta, \qquad t_q = t + (q - \kappa)^2, \qquad \bar{q} = -q. \qquad (6.2)$$

Wir werden im folgenden viele Produkte aus $\bar{\phi}$ und ϕ' erhalten. Für diese verwenden wir die Schreibweise:

$$(k_1 \; k_2 \; \cdots \; k_n)[k_1' \; k_2' \; \cdots \; k_m']$$
$$= \sum_{\mathbf{k}_1, \mathbf{k}_2, \ldots, \mathbf{k}_n} \sum_{\mathbf{k}_1', \mathbf{k}_2', \ldots, \mathbf{k}_m'} \phi'_{\mathbf{k}_1} \phi'_{\mathbf{k}_2} \cdots \phi'_{\mathbf{k}_n} \overline{\phi}_{\mathbf{k}_1'} \overline{\phi}_{\mathbf{k}_2'} \cdots \overline{\phi}_{\mathbf{k}_m'}. \qquad (6.3)$$

Wir vereinbaren ferner, daß Variablen $\mathbf{k}_i, \mathbf{k}_j', \ldots$ zu einem quartischen Term gehören, $\mathbf{q}_i, \mathbf{q}_j', \ldots$ dagegen zu einem quadratischen, das heißt, für erstere gilt eine Impulserhaltung mit vier Vektoren, für letztere mit zwei Vektoren. Wir schreiben damit

$$\delta\mathcal{H} = \widetilde{\mathcal{H}} - \mathcal{H}' = \frac{1}{2} \sum_{\mathbf{q}} (t - \Delta) \phi'_{\mathbf{q}} \phi'_{-\mathbf{q}} + \sum_{\mathbf{q}} (t + (q - \kappa)^2) \overline{\phi}_{\mathbf{q}} \phi'_{-\mathbf{q}}$$
$$+ \sum_{\mathbf{k}_i} \left(\frac{\lambda}{24} \phi'_{\mathbf{k}_1} \phi'_{\mathbf{k}_2} \phi'_{\mathbf{k}_3} \phi'_{\mathbf{k}_4} + \frac{\lambda}{6} \overline{\phi}_{\mathbf{k}_1} \phi'_{\mathbf{k}_2} \phi'_{\mathbf{k}_3} \phi'_{\mathbf{k}_4} \right.$$
$$\left. + \frac{\lambda}{4} \overline{\phi}_{\mathbf{k}_1} \overline{\phi}_{\mathbf{k}_2} \phi'_{\mathbf{k}_3} \phi'_{\mathbf{k}_4} + \frac{\lambda}{6} \overline{\phi}_{\mathbf{k}_1} \overline{\phi}_{\mathbf{k}_2} \overline{\phi}_{\mathbf{k}_3} \phi'_{\mathbf{k}_4} \right) \delta_{\mathbf{k}_1 + \mathbf{k}_2 + \mathbf{k}_3 + \mathbf{k}_4, 0} \qquad (6.4)$$

als

$$\delta\mathcal{H} = \frac{T}{2}(q_1 \; q_2) + t_{q_1}[q_1](q_2) + \frac{\lambda}{24}(k_1 \; k_2 \; k_3 \; k_4)$$
$$+ \frac{\lambda}{6}[k_1](k_2 \; k_3 \; k_4) + \frac{\lambda}{4}[k_1 \; k_2](k_3 \; k_4) + \frac{\lambda}{6}[k_1 \; k_2 \; k_3](k_4), \qquad (6.5)$$

was eine erhebliche Abkürzung der Notation bedeutet.

Für $\delta\mathcal{H}^2$ und $\delta\mathcal{H}^3$ erhalten wir dann

$$\delta\mathcal{H}^2 = \frac{T^2}{4}(q_1\,q_2\,q_1'\,q_2') + T t_{q_1'}(q_1\,q_2\,q_2')[q_1'] + \frac{\lambda T}{24}(q_1\,q_2\,k_1\,k_2\,k_3\,k_4)$$

$$+ \frac{\lambda T}{6}(q_1\,q_2\,k_2\,k_3\,k_4)[k_1] + \frac{\lambda T}{4}(q_1\,q_2\,k_3\,k_4)[k_1\,k_2]$$

$$+ \frac{\lambda T}{6}(q_1\,q_2\,k_4)[k_1\,k_2\,k_3] + t_{q_1}\,t_{q_1'}(q_2\,q_2')[q_1\,q_1']$$

$$+ \frac{\lambda t_{q_1}}{12}[q_1](q_2\,k_1\,k_2\,k_3\,k_4) + \frac{\lambda t_{q_1}}{3}[q_1\,k_1](q_2\,k_2\,k_3\,k_4)$$

$$+ \frac{\lambda t_{q_1}}{2}[q_1\,k_1\,k_2](q_2\,k_3\,k_4) + \frac{\lambda t_{q_1}}{3}[q_1\,k_1\,k_2\,k_3](q_2\,k_4)$$

$$+ \frac{\lambda^2}{24^2}(k_1\,k_2\,k_3\,k_4\,k_1'\,k_2'\,k_3'\,k_4') + \frac{\lambda^2}{72}[k_1'](k_1\,k_2\,k_3\,k_4\,k_2'\,k_3'\,k_4')$$

$$+ \frac{\lambda^2}{48}[k_1'\,k_2'](k_1\,k_2\,k_3\,k_4\,k_3'\,k_4') + \frac{\lambda^2}{72}[k_1'\,k_2'\,k_3'](k_1\,k_2\,k_3\,k_4\,k_4')$$

$$+ \frac{\lambda^2}{36}[k_1\,k_1'](k_2\,k_3\,k_4\,k_2'\,k_3'\,k_4') + \frac{\lambda^2}{12}[k_1\,k_1'\,k_2'](k_2\,k_3\,k_4\,k_3'\,k_4')$$

$$+ \frac{\lambda^2}{18}[k_1\,k_1'\,k_2'\,k_3'](k_2\,k_3\,k_4\,k_4') + \frac{\lambda^2}{16}[k_1\,k_2\,k_1'\,k_2'](k_3\,k_4\,k_3'\,k_4')$$

$$+ \frac{\lambda^2}{12}[k_1\,k_2\,k_1'\,k_2'\,k_3'](k_3\,k_4\,k_4') + \frac{\lambda^2}{36}[k_1\,k_2\,k_3\,k_1'\,k_2'\,k_3'](k_4\,k_4'), \quad (6.6)$$

$$\delta\mathcal{H}^3 = \frac{T^3}{8}(q_1\,q_2\,q_1'\,q_2'\,q_1''\,q_2'') + t_{q_1}\,t_{q_1'}\,t_{q_1''}[q_1\,q_1'\,q_1''](q_2\,q_2'\,q_2'')$$

$$+ \frac{\lambda^3}{24^3}(k_1\,k_2\,k_3\,k_4\,k_1'\,k_2'\,k_3'\,k_4'\,k_1''\,k_2''\,k_3''\,k_4'')$$

$$+ \frac{\lambda^3}{216}[k_1\,k_1'\,k_1''](k_2\,k_3\,k_4\,k_2'\,k_3'\,k_4'\,k_2''\,k_3''\,k_4'')$$

$$+ \frac{\lambda^3}{64}[k_1\,k_2\,k_1'\,k_2'\,k_1''\,k_2''](k_3\,k_4\,k_3'\,k_4'\,k_3''\,k_4'')$$

$$+ \frac{\lambda^3}{216}[k_1\,k_2\,k_3\,k_1'\,k_2'\,k_3'\,k_1''\,k_2''\,k_3''](k_4\,k_4'\,k_4'')$$

$$+ \frac{3T^2 t_{q_1''}}{4}[q_1''](q_1\,q_2\,q_1'\,q_2'\,q_2'') + \frac{\lambda T^2}{32}(q_1\,q_2\,q_1'\,q_2'\,k_1\,k_2\,k_3\,k_4)$$

$$+ \frac{\lambda T^2}{8}[k_1](q_1\,q_2\,q_1'\,q_2'\,k_2\,k_3\,k_4) + \frac{3\lambda T^2}{16}[k_1\,k_2](q_1\,q_2\,q_1'\,q_2'\,k_3\,k_4)$$

$$+ \frac{\lambda T^2}{8}[k_1\,k_2\,k_3](q_1\,q_2\,q_1'\,q_2'\,k_4) + \frac{3T\,t_{q_1}t_{q_1'}}{2}[q_1\,q_1'](q_2\,q_2'\,q_1''\,q_2'')$$

$$+ \frac{\lambda t_{q_1}t_{q_1'}}{8}[q_1\,q_1'](q_2\,q_2'\,k_1''\,k_2''\,k_3''\,k_4'')$$

$$+ \frac{\lambda t_{q_1}t_{q_1'}}{2}[q_1\,q_1'\,k_1''](q_2\,q_2'\,k_2''\,k_3''\,k_4'')$$

$$+ \frac{3\lambda t_{q_1}t_{q_1'}}{4}[q_1\,q_1'\,k_1''\,k_2''](q_2\,q_2'\,k_3''\,k_4'')$$

$$+ \frac{\lambda t_{q_1}t_{q_1'}}{2}[q_1\,q_1'\,k_1''\,k_2''\,k_3''](q_2\,q_2'\,k_4'')$$

$$+ \frac{\lambda^2 T}{384}(q_1\,q_2\,k_1\,k_2\,k_3\,k_4\,k_1'\,k_2'\,k_3'\,k_4')$$

$$+ \frac{\lambda^2 t_{q_1}}{192}[q_1](q_2\,k_1\,k_2\,k_3\,k_4\,k_1'\,k_2'\,k_3'\,k_4')$$

$$+ \frac{\lambda^3}{2\cdot 24^2}[k_1'](k_1\,k_2\,k_3\,k_4\,k_1'\,k_2'\,k_3'\,k_4'\,k_2''\,k_3''\,k_4'')$$

$$+ \frac{\lambda^3}{768}[k_1''\,k_2''](k_1\,k_2\,k_3\,k_4\,k_1'\,k_2'\,k_3'\,k_4'\,k_3''\,k_4'')$$

$$+ \frac{\lambda^3}{2\cdot 24^2}[k_1''\,k_2''\,k_3''](k_1\,k_2\,k_3\,k_4\,k_1'\,k_2'\,k_3'\,k_4'\,k_4'')$$

$$+ \frac{\lambda^2 T}{24}[k_1\,k_1'](q_1\,q_2\,k_2\,k_3\,k_4\,k_2'\,k_3'\,k_4')$$

$$+ \frac{\lambda^2 t_{q_1}}{12}[q_1\,k_1\,k_1'](q_2\,k_2\,k_3\,k_4\,k_2'\,k_3'\,k_4')$$

$$+ \frac{\lambda^3}{288}[k_1\,k_1'](k_2\,k_3\,k_4\,k_2'\,k_3'\,k_4'\,k_1''\,k_2''\,k_3''\,k_4'')$$

$$+ \frac{\lambda^3}{48}[k_1\,k_1'\,k_1''\,k_2''](k_2\,k_3\,k_4\,k_2'\,k_3'\,k_4'\,k_3''\,k_4'')$$

$$+ \frac{\lambda^3}{288}[k_1\,k_1'\,k_1''\,k_2''\,k_3''](k_2\,k_3\,k_4\,k_2'\,k_3'\,k_4'\,k_4'')$$

$$+ \frac{3\lambda^2 T}{32}[k_1\,k_2\,k_1'\,k_2'](q_1\,q_2\,k_3\,k_4\,k_3'\,k_4')$$

$$+ \frac{3\lambda^2 t_{q_1}}{16}[q_1\,k_1\,k_2\,k_1'\,k_2'](q_2\,k_3\,k_4\,k_3'\,k_4')$$

$$+ \frac{\lambda^3}{128}[k_1 \ k_2 \ k_1' \ k_2'](k_3 \ k_4 \ k_3' \ k_4' \ k_1'' \ k_2'' \ k_3'' \ k_4'')$$

$$+ \frac{\lambda^3}{32}[k_1 \ k_2 \ k_1' \ k_2' \ k_1''](k_3 \ k_4 \ k_3' \ k_4' \ k_2'' \ k_3'' \ k_4'')$$

$$+ \frac{\lambda^3}{32}[k_1 \ k_2 \ k_1' \ k_2' \ k_1'' \ k_2'' \ k_3''](k_3 \ k_4 \ k_3' \ k_4' \ k_4'')$$

$$+ \frac{\lambda^2 T}{24}[k_1 \ k_2 \ k_3 \ k_1' \ k_2' \ k_3'](q_1 \ q_2 \ k_4 \ k_4')$$

$$+ \frac{\lambda^2 t_{q_1}}{12}[q_1 \ k_1 \ k_2 \ k_3 \ k_1' \ k_2' \ k_3'](q_2 \ k_4 \ k_4')$$

$$+ \frac{\lambda^3}{288}[k_1 \ k_2 \ k_3 \ k_1' \ k_2' \ k_3'](k_4 \ k_4' \ k_1'' \ k_2'' \ k_3'' \ k_4'')$$

$$+ \frac{\lambda^3}{72}[k_1 \ k_2 \ k_3 \ k_1' \ k_2' \ k_3' \ k_1''](k_4 \ k_4' \ k_2'' \ k_3'' \ k_4'')$$

$$+ \frac{\lambda^3}{48}[k_1 \ k_2 \ k_3 \ k_1' \ k_2' \ k_3' \ k_1'' \ k_2''](k_4 \ k_4' \ k_3'' \ k_4'')$$

$$+ \frac{\lambda T t_{q_1'}}{8}[q_1'](q_1 \ q_2 \ q_2' \ k_1 \ k_2 \ k_3 \ k_4) + \frac{\lambda T t_{q_1'}}{2}[q_1' \ k_1](q_1 \ q_2 \ q_2' \ k_2 \ k_3 \ k_4)$$

$$+ \frac{3\lambda T t_{q_1'}}{4}[q_1' \ k_1 \ k_2](q_1 \ q_2 \ q_2' \ k_3 \ k_4) + \frac{\lambda T t_{q_1'}}{2}[q_1' \ k_1 \ k_2 \ k_3](q_1 \ q_2 \ q_2' \ k_4)$$

$$+ \frac{\lambda^2 T}{48}[k_1'](q_1 \ q_2 \ k_1 \ k_2 \ k_3 \ k_4 \ k_2' \ k_3' \ k_4')$$

$$+ \frac{\lambda^2 T}{32}[k_1' \ k_2'](q_1 \ q_2 \ k_1 \ k_2 \ k_3 \ k_4 \ k_3' \ k_4')$$

$$+ \frac{\lambda^2 T}{48}[k_1' \ k_2' \ k_3'](q_1 \ q_2 \ k_1 \ k_2 \ k_3 \ k_4 \ k_4')$$

$$+ \frac{\lambda^2 T}{8}[k_1 \ k_1' \ k_2'](q_1 \ q_2 \ k_2 \ k_3 \ k_4 \ k_3' \ k_4')$$

$$+ \frac{\lambda^2 T}{12}[k_1 \ k_1' \ k_2' \ k_3'](q_1 \ q_2 \ k_2 \ k_3 \ k_4 \ k_4')$$

$$+ \frac{\lambda^2 T}{8}[k_1 \ k_2 \ k_1' \ k_2' \ k_3'](q_1 \ q_2 \ k_3 \ k_4 \ k_4')$$

$$+ \frac{\lambda^2 t_{q_1}}{24}[q_1 \ k_1'](q_2 \ k_1 \ k_2 \ k_3 \ k_4 \ k_2' \ k_3' \ k_4')$$

$$+ \frac{\lambda^2 t_{q_1}}{16}[q_1 \ k_1' \ k_2'](q_2 \ k_1 \ k_2 \ k_3 \ k_4 \ k_3' \ k_4')$$

$$+ \frac{\lambda^2 t_{q_1}}{24}[q_1\ k_1'\ k_2'\ k_3'](q_2\ k_1\ k_2\ k_3\ k_4\ k_4')$$

$$+ \frac{\lambda^2 t_{q_1}}{4}[q_1\ k_1\ k_1'\ k_2'](q_2\ k_2\ k_3\ k_4\ k_3'\ k_4')$$

$$+ \frac{\lambda^2 t_{q_1}}{6}[q_1\ k_1\ k_1'\ k_2'\ k_3'](q_2\ k_2\ k_3\ k_4\ k_4')$$

$$+ \frac{\lambda^2 t_{q_1}}{4}[q_1\ k_1\ k_2\ k_1'\ k_2'\ k_3'](q_2\ k_3\ k_4\ k_4')$$

$$+ \frac{\lambda^3}{96}[k_1'\ k_1''\ k_2''](k_1\ k_2\ k_3\ k_4\ k_2'\ k_3'\ k_4'\ k_3''\ k_4'')$$

$$+ \frac{\lambda^3}{144}[k_1'\ k_1''\ k_2''\ k_3''](k_1\ k_2\ k_3\ k_4\ k_2'\ k_3'\ k_4'\ k_4'')$$

$$+ \frac{\lambda^3}{96}[k_1'\ k_2'\ k_1''\ k_2''\ k_3''](k_1\ k_2\ k_3\ k_4\ k_3'\ k_4'\ k_4'')$$

$$+ \frac{\lambda^3}{24}[k_1\ k_1'\ k_2'\ k_1''\ k_2''\ k_3''](k_2\ k_3\ k_4\ k_3'\ k_4'\ k_4'') \qquad (6.7)$$

Die Terme für $\delta\mathcal{H}^n$, $n \in \{1,2,3\}$ sind für die Blauen Phasen ebenso gültig, wenn man für λ die Vertexfunktion λ_{ijkl} aus Gleichung (4.117) einsetzt.

Nun berechnen wir $\langle \delta\mathcal{H}^n \rangle$. Dazu können wir nach dem Wickschen Theorem alle Terme vernachlässigen, die eine ungerade Anzahl von fluktuierenden Ordnungsparametern enthalten, also alle Terme mit einer ungeraden Zahl von Indizes in den runden Klammern. In allen übrigen Termen müssen die Indizes innerhalb der runden Klammern zu Paaren gruppiert werden. Am Beispiel des Terms

$$\frac{\lambda^2 T}{24}[k_1\ k_1'](q_1\ q_2\ k_2\ k_3\ k_4\ k_2'\ k_3'\ k_4') \qquad (6.8)$$

wollen wir dies demonstrieren. Wir müssen dabei beachten, daß die Zuordnung der Indizes $1, 2, 3, 4$ zu den Vektoren q, k, k' willkürlich ist. $(q_1 k_1)$ bezeichnet also a priori dasselbe Paar wie $(q_2 k_4)$. Später werden wir dann einen kombinatorischen Faktor für jeden Term bestimmen, der die Zahl der möglichen Indexkombinationen berücksichtigt. Es gibt daher die folgenden sechs Paarkombinationen:

1. $(q\,q)(k\,k)(k\,k')(k'\,k')$
2. $(q\,q)(k\,k')(k\,k')(k\,k')$
3. $(q\,k)(q\,k)(k\,k')(k'\,k')$
4. $(q\,k')(q\,k')(k'\,k)(k\,k)$
5. $(q\,k)(q\,k')(k\,k)(k'\,k')$
6. $(q\,k)(q\,k')(k\,k')(k\,k')$.

In der ersten Kombination haben wir für $(q\,q)$ genau eine Möglichkeit. Denn sobald wir für das erste q einen Index festgelegt haben, steht der zweite ebenfalls fest. Die Reihenfolge innerhalb eines Paares spielt aber keine Rolle. Formalisiert erhalten wir also zwei Möglichkeiten für den ersten Vektor, multipliziert mit einer Möglichkeit für den zweiten Vektor, dividiert durch zwei, weil an beiden Stellen des Paares der gleiche Vektor steht. Ebenso erhalten wir für das zweite Paar $(k\,k)$ drei (in unserem Ausdruck gibt es nur drei verschiedene k) mal zwei durch zwei (wieder für die Vertauschung innerhalb des Paares) gleich drei Möglichkeiten. Für das dritte Paar gibt es dann eine (die übrigen Vektoren sind schon verbraucht) mal drei gleich drei Möglichkeiten (hier müssen wir nicht dividieren, weil die Vektoren k und k' unterschiedlich sind) und für das letzte Paar schließlich zwei mal eine durch zwei gleich eine Möglichkeit. Insgesamt erhalten wir also neun verschiedene Möglichkeiten für die erste Kombination.

Für die zweite Kombination berechnen wir wieder eine Möglichkeit für das erste Paar, neun für das zweite, vier für das dritte und eine für das vierte Paar. Da aber die Reihenfolge der Paare ebenfalls keine Rolle spielt, müssen wir noch durch die Fakultät der Anzahl der gleichen Paare teilen, hier also durch $3! = 6$. Wir erhalten also sechs Möglichkeiten für die zweite Kombination. Für die dritte, vierte und fünfte Kombination ergeben sich je 18, für die letzte 36 Möglichkeiten. Insgesamt gibt es $8!/(4!2^4) = 105$ unterschiedliche Kombinationen.

Schließlich müssen wir die Vektoren innerhalb der Paare noch entgegengesetzt gleich wählen und die Impulserhaltung berücksichtigen. In der ersten Kombination wählen wir daher $q_2 = -q_1$, $k_4 = -k_3$, $k'_4 = -k'_3$ und $k'_2 = -k_2$. Aufgrund der Impulserhaltung $\sum k_i = 0$ gilt dann $k_1 = -k_1' = -k_2$, also (unter Umindizierung)

$$(q\,\bar{q})(k_1\,\bar{k}_1)(k_2\,\bar{k}_2)(k_1'\,\bar{k}_1')[k_2\,\bar{k}_2]. \tag{6.9}$$

Wir sehen hier schon eine Besonderheit bei höheren Ordnungen der Kumulantenentwicklung: Der Vektor k_2 tritt sowohl bei einem Gleichgewichtsordnungsparameter als auch bei einem fluktuierenden Parameter auf. Da der Gleichgewichtsordnungsparameter nur verschieden von Null ist, wenn k_2 ein Gittervektor ist, wird in diesem Fall über $\langle \phi_{k_2}' \phi_{-k_2}' \rangle$ nicht integriert, sondern summiert — allerdings nur bis zum Wert des Abschneideradius. Dadurch entstehen neue Terme, die noch explizit vom Betrag von k_2 abhängen. Diese aber liefern einen Beitrag zu q_{min} aus Gleichung (2.64). Die Fluktuationen koppeln jetzt also stark an den Gleichgewichtsordnungsparameter. Die Frage des Abschneideradius nimmt hiermit einen noch größeren Raum ein, da jener entscheidet, welche Gleichgewichtsordnungsparameter an die Fluktuationen koppeln.

Wendet man die hier beschriebenen Schritte auf alle Terme von $\delta\mathcal{H}^n$, $n \in \{1, 2, 3\}$, an, so entsteht eine gewaltige Zahl von Termen. Aufgrund der unterschiedlichen Vertexstruktur bei den Blauen Phasen wird diese Zahl sogar noch vergrößert. Um die jeweiligen Ausdrücke für unser Modell wiedergeben zu können, führen wir einige weitere Abkürzungen ein:

$$G_q = \langle \phi_q' \phi_{-q}' \rangle, \quad \sigma_n = \sum_q G_q^n, \quad \sigma = \sigma_1, \quad \sigma^n = \left(\sum_q G_q \right)^n \tag{6.10}$$

$$\rho = \sum_{k_1 k_2 k_3} G_{k_1} G_{k_2} G_{k_3} G_{-k_1-k_2-k_3} \tag{6.11}$$

$$\rho_{\text{P}} = \sum_{k_1 k_2 k_3} G_{k_1} G_{k_2} G_{k_3} P_{-k_1-k_2-k_3} \tag{6.12}$$

$$\zeta_1 = \sum_{\substack{k_1 k_2 \\ k_3 k'}} G_{k_1} G_{k_2} G_{k_3} G_{k'} G_{-k_1-k_2-k_3} G_{k_1+k_2-k'} \tag{6.13}$$

$$\zeta_2 = \sum_{k_1 k_2 k_3} G_{k_1}^2 G_{k_2} G_{k_3} G_{k_1-k_2-k_3} \tag{6.14}$$

$$P_q = \bar{\phi}_q \bar{\phi}_{-q}, \quad \omega = \sum_q P_q, \quad \{k_1\,k_2\,\cdots\,k_n\} = \bar{\phi}_{k_1} \bar{\phi}_{k_2} \cdots \bar{\phi}_{k_n} \tag{6.15}$$

$$s_n^q = \sum_{k_1 k_2} G_q^n \{\bar{q}\, k_1\, k_2\, (q - k_1 - k_2)\}, \quad S_1 = \sum_q s_1^q \tag{6.16}$$

$$S_2 = \sum_q s_2^q, \quad S_3 = \sum_{q k_1 k_2} G_q G_{k_1} \{\bar{q}\, k_1\, k_2\, (q - k_1 - k_2)\} \tag{6.17}$$

$$\Omega_n = \sum_q G_q^n P_q, \quad \Theta_n^m = \sum_q t_q^n G_q^m P_q \tag{6.18}$$

$$\Xi_{k_1 k_2 k_3 k_1'} = \{k_1\, k_1'\, (-k_1 - k_2 - k_3)\, (k_2 + k_3 - k_1')\} \tag{6.19}$$

$$Y_{k_1 k_2 k_3 k_1' k_2'} = \{k_2\, k_3\, k_1'\, k_2'\, (-k_1 - k_2 - k_3)\, (k_1 - k_1' - k_2')\} \tag{6.20}$$

$$\zeta_{2P} = \sum_{q k_1 k_2} G_q^2 G_{k_1} G_{k_2} P_{q+k_1+k_2}, \quad v_n = \sum_{\substack{k_1 k_2 \\ k_3 k_1' k_2'}} Y_{k_1 k_2 k_3 k_1' k_2'} G_{k_1}^n \tag{6.21}$$

$$V_n = \sum_q t_q s_n^q, \quad \chi_n = \sum_{\substack{k_1 k_2 \\ k_1' k_2'}} G_{k_1} G_{k_1'}^n \Xi_{k_2 k_1 k_1' k_2'} \tag{6.22}$$

Damit erhalten wir

$$\langle \delta\mathcal{H} \rangle = \frac{T\sigma}{2} + \frac{\lambda}{8}\sigma(\sigma + 2\omega) \tag{6.23}$$

$$\langle \delta\mathcal{H}^2 \rangle = \frac{T^2}{4}(\sigma^2 + 2\sigma_2) + \frac{\lambda T}{8}(\sigma^3 + 4\sigma_2\sigma + 2\omega\sigma^2 + 4\omega\sigma_2)$$

$$+ \Theta_2^1 + \lambda\sigma\Theta_1^1 + \frac{\lambda}{3}V_1 + \frac{\lambda^2}{64}(\sigma^4 + 8\sigma^2\sigma_2 + \frac{8}{3}\rho + 4\omega\sigma^3$$

$$+ 16\omega\sigma\sigma_2 + 16\Omega_1\sigma^2 + \frac{32}{3}\rho_P + \frac{32}{3}\sigma S_1 + 4\omega^2\sigma^2 + 8\chi_1 + \frac{16}{9}v_1) \tag{6.24}$$

$$\langle \delta\mathcal{H}^3 \rangle = \frac{T^3}{8}(\sigma^3 + 6\sigma_2\sigma + 8\sigma_3) + \frac{\lambda^3}{8}\zeta_1 + \frac{\lambda^3}{8}\sigma^3\sigma_3 + \frac{\lambda^3}{4}\sigma\zeta_2$$

$$+ \frac{\lambda^3}{512}\sigma^2(\sigma^4 + 24\sigma_2\sigma^2 + 8\rho + 96\sigma_2^2) + \frac{\lambda^3}{64}\sigma^3\omega^3 + \frac{3\lambda^3}{32}\sigma\omega\chi_1$$

$$+ \frac{\lambda^3}{8} \sum_{\substack{k_1' k_2' k_1' \\ k_2' k_1'' k_2''}} G_{k_1} G_{k_1'} G_{k_1''} \{k_2\, k_2'\, k_2''\, (k_1'' - k_1 - k_2)\} \times$$

$$\times \{(k_1 - k_1' - k_2')\, (k_1' - k_1'' - k_2'')\}$$

$$+ \frac{3\lambda T^2}{32}\sigma^4 + \frac{15\lambda T^2}{16}\sigma^2\sigma_2 + \frac{3\lambda T^2}{2}\sigma\sigma_3 + \frac{3\lambda T^2}{4}\sigma_2^2$$

$$+ \frac{3\lambda T^2}{16}\sigma^3\omega + \frac{9\lambda T^2}{8}\sigma\sigma_2\omega + \frac{3\lambda T^2}{2}\sigma_3\omega + \frac{3T}{2}\sigma\Theta_2^1 + 3T\Theta_2^2$$

$$+ \frac{3\lambda}{2}\sigma\Theta_2^2 + \frac{3\lambda}{4}\sigma\omega\Theta^1 + \frac{3\lambda}{2}\sum_{qq'k}t_q t_{q'}G_q G_{q'}\{\bar{q}\,\bar{q}'\,k\,(q+q'-k)\}$$

$$+ \frac{3\lambda^2 T}{128}\sigma^5 + \frac{3\lambda}{8}\sigma^2\Theta_2^1 + \frac{3\lambda^2 T}{8}\sigma_2\sigma^3 + \frac{\lambda^2 T}{16}\sigma\rho + \frac{3\lambda^2 T}{4}\sigma_3\sigma^2$$

$$+ \frac{\lambda^2 T}{2}\zeta_2 + \frac{3\lambda^2 T}{4}\sigma_2^2\sigma + \frac{3\lambda^3}{256}\sigma^5\omega + \frac{3\lambda^3}{16}\sigma^3\sigma_2\omega + \frac{\lambda^3}{32}\sigma\omega\rho$$

$$+ \frac{3\lambda^3}{8}\sigma_3\sigma^2\omega + \frac{\lambda^3}{4}\zeta_2\omega + \frac{3\lambda^3}{8}\sigma_2^2\sigma\omega + \frac{3\lambda^2 T}{8}\sigma^3\Omega_1 + \frac{\lambda^2 T}{4}\sigma\rho_{\mathrm{P}}$$

$$+ \frac{3\lambda^2 T}{2}\sigma_2\sigma\Omega_1 + \frac{3\lambda^2 T}{4}\sigma^2\Omega_2 + \frac{3\lambda^2 T}{2}\zeta_2\mathrm{P} + \frac{3\lambda^3}{32}\sigma^4\Omega_1$$

$$+ \frac{3\lambda^3}{4}\sigma^2\sigma_2\Omega_1 + \frac{3\lambda^3}{8}\sigma^3\Omega_2 + \frac{\lambda^3}{16}\sigma^2\rho_{\mathrm{P}} + \frac{3\lambda^3}{4}\sigma\zeta_2\mathrm{P} + \frac{3\lambda^3}{8}\sigma^2 S_3$$

$$+ \frac{\lambda^3}{2}\sigma\sum_{k_1 k_2 k_3}G_{k_1+k_2+k_3}G_{k_1}G_{k_2}G_{k_3}P_{k_1+k_2+k_3} + \frac{\lambda^3}{8}\sigma\omega\rho_{\mathrm{P}}$$

$$+ \frac{3\lambda^3}{4}\sum_{\substack{k_1 k_2 \\ k_1' k_2'}}G_{k_1}G_{k_2}G_{k_2+k_1'+k_2'}G_{k_1'}G_{k_2'}P_{k_1-k_1'-k_2'} + \frac{3\lambda^2 T}{32}\sigma^3\omega^2$$

$$+ \frac{3\lambda^3}{16}\sigma^3\Omega_1\omega + \frac{3\lambda^3}{4}\sigma\sum_{\substack{k_1 k_2 \\ k_1' k_2'}}G_{k_1}G_{k_2}G_{k_1'}\Xi_{k_1 k_2 k_1' k_2'} + \frac{3\lambda^2 T}{8}\sigma\sigma_2\omega^2$$

$$+ \frac{3\lambda^3}{4}\sum_{\substack{k_1 k_2 k_3 \\ k_1' k_2'}}G_{k_1}G_{k_2}G_{k_3}G_{k_1'}\{(-k_1-k_2-k_3)\}\times$$
$$\times\{(k_1+k_2-k_1')\,k_2'\,(k_3+k_1'-k_2')\}$$

$$+ \frac{3\lambda^2 T}{4}\chi_2 + \frac{3\lambda^3}{128}\sigma^4\omega^2 + \frac{3\lambda^3}{16}\sigma^2\sigma_2\omega^2 + \frac{3\lambda^3}{64}\sigma^2\chi_1 + \frac{3\lambda^3}{8}\sigma\chi_2$$

$$+ \frac{3\lambda^3}{16}\sum_{\substack{k_1 k_2 k_3 \\ k_1' k_2'}}G_{k_1}G_{k_2}G_{k_1'}G_{k_1+k_2+k_1'}\Xi_{k_3 k_2 k_1 k_2'} + \frac{\lambda^2 T}{24}\sigma\upsilon_1$$

$$+ \frac{3\lambda^2 T}{16}\sigma\chi_1 + \frac{\lambda^2 T}{12}\upsilon_2 + \frac{\lambda^3}{96}\sigma^2\upsilon_1 + \frac{\lambda^3}{24}\sigma\upsilon_2 + \frac{\lambda^3}{48}\sigma\omega\upsilon_1$$

$$+ \frac{\lambda^3}{24} \sum_{\substack{k_1 k_2 k_3 \\ k_1' k_2' \\ k_3' k_1''}} G_{k_1} G_{k_1'} \{ k_2\, k_3\, (-k_1 - k_2 - k_3)\, k_2'\, k_3' \} \times$$

$$\times \{ (-k_1' - k_2' - k_3')\, k_1''\, (k_1 + k_1' - k_1'') \}$$

$$+ \frac{3\lambda T}{2} \sigma^2 \Theta_1^1 + 3\lambda T \sigma_2 \Theta_1^1 + 3\lambda T \sigma \Theta_1^2 + \frac{\lambda T}{2} \sigma V_1 + \lambda T V_2$$

$$+ \frac{3\lambda^2 T}{32} \sigma^4 \omega + \frac{15\lambda^2 T}{16} \sigma^2 \sigma_2 \omega + \frac{3\lambda^2 T}{4} \sigma_2^2 \omega + \frac{3\lambda^2 T}{2} \sigma \sigma_3 \omega$$

$$+ \frac{\lambda^2 T}{4} \sigma^2 S_1 + \frac{\lambda^2 T}{2} \sigma S_2 + \frac{\lambda^2 T}{2} \sigma_2 S_1 + \frac{3\lambda^2}{8} \sigma^3 \Theta_1^1 + \frac{3\lambda^2}{2} \sigma \sigma_2 \Theta_1^1$$

$$+ \frac{3\lambda^2}{2} \sigma^2 \Theta_1^2 + \lambda^2 \sum_{q k_1 k_2} G_q G_{k_1} G_{k_2} G_{q+k_1+k_2} P_q t_q + \frac{\lambda^2}{8} \sigma^2 V_1$$

$$+ \frac{\lambda^2}{2} \sigma V_2 + \frac{3\lambda^2}{4} \sigma^2 \Theta_1^1 \omega + \frac{3\lambda^2}{2} \sum_{\substack{q k_1 \\ k_2 k_1'}} t_q G_q G_{k_1} G_{k_2} \Xi_{q k_1 k_2 k_1'}$$

$$+ \frac{3\lambda^2}{2} \sigma \sum_{q k_1 k_2} t_q G_q G_{k_1} \{ \bar{q}\, \bar{k}_1\, k_2\, (q + k_1 - k_2) \} + \frac{\lambda^2}{4} \sigma \omega V_1$$

$$+ \frac{\lambda^2}{2} \sum_{\substack{q k_1 \\ k_1' k_2' k_3'}} t_q G_q G_{k_1} Y_{k_1' q k_1' k_2' k_3'} + \frac{\lambda^3}{16} \sigma^3 S_1 + \frac{\lambda^3}{4} \sigma \sigma_2 S_1$$

$$+ \frac{\lambda^3}{6} \sum_{\substack{k_1 k_2 k_3 \\ k_1' k_2'}} G_{k_1} G_{k_2} G_{k_3} G_{k_1+k_2+k_3} \{ \bar{k}_3\, k_1'\, k_2'\, (k_3 - k_1' - k_2') \}$$

$$+ \frac{\lambda^3}{8} \sigma^2 \omega S_1 + \frac{\lambda^3}{4} \sigma \sum_{\substack{q k_1 k_2 \\ k_1' k_2'}} G_q G_{k_1} Y_{k_1 q k_2 k_1' k_2'} + \frac{\lambda^3}{4} \sigma^2 S_2$$

$$+ \frac{\lambda^3}{4} \sum_{\substack{k_1 k_2 k_3 \\ k_1' k_1'' k_2''}} G_{k_1} G_{k_2} G_{k_3} \{ (-k_1 - k_2 - k_3)\, k_1' \} \times$$

$$\times \{ (k_1 + k_2 - k_1')\, k_1''\, k_2''\, (k_3 - k_1'' - k_2'') \} \quad (6.25)$$

Eine Berechnung von Phasendiagrammen selbst mit einfachen Strukturen in diesem weniger komplexen Modell, als es die Blauen Phasen darstellen, wird nur mit sehr viel Aufwand durchführbar sein. In dieser Arbeit beschränken wir uns daher auf eine Untersuchung der isotropen Phase. Terme wie $T^3\sigma^3/8$ heben sich in der freien Enthalpie weg, da alle Terme, die in $\langle\delta\mathcal{H}\rangle^3$ auftreten auch in $\langle\delta\mathcal{H}^3\rangle$ vorhanden sind. Ebenso fallen alle Terme weg, die den Gleichgewichtsordnungsparameter enthalten. Dieser verschwindet in der isotropen Phase. Es verbleiben die folgenden Terme:

$$
\begin{aligned}
F = \int \Sigma(\Delta')\mathrm{d}\Delta' &- \frac{\beta}{2}(t-\Delta)^2\Pi\left(1 - \beta\lambda\Pi - 2\lambda\beta\frac{\Sigma X}{\Pi}\right) \\
&+ (t-\Delta)\Sigma\left(1 - \beta\lambda\Pi + \beta^2\lambda^2 X\Sigma + \frac{\lambda^2\beta^2}{12}\frac{\zeta_2}{\Sigma}\right) \\
&+ \frac{\beta^3}{3}(t-\Delta)^3 X + \frac{\lambda}{2}\Sigma^2\left(1 - \lambda\beta\Pi + \lambda^2\beta^2\Pi^2\right) \\
&+ \lambda^2\beta^2\Sigma\left(\frac{\lambda}{3}\Sigma^2 X + \Pi^2\right) - \frac{\lambda^2\beta}{48}\left(\rho - \lambda\beta\zeta_1 - 4\lambda\beta\Sigma\zeta_2\right) \quad (6.26)
\end{aligned}
$$

mit

$$
\Sigma = \frac{\sigma}{2} = \frac{1}{2}\sum_q G_q \sim \frac{1}{(2\pi)^2\beta}\int_0^{n\kappa}\frac{q^2\mathrm{d}q}{\Delta+(q-\kappa)^2} \quad (6.27)
$$

$$
\Pi = \frac{\sigma_2}{2} = \frac{1}{2}\sum_q G_q^2 \sim \frac{1}{(2\pi)^2\beta^2}\int_0^{n\kappa}\frac{q^2\mathrm{d}q}{\left(\Delta+(q-\kappa)^2\right)^2} = -\beta^{-1}\frac{\partial\Sigma}{\partial\Delta} \quad (6.28)
$$

$$
X = \frac{\sigma_3}{2} = \frac{1}{2}\sum_q G_q^3 \sim \frac{1}{(2\pi)^2\beta^3}\int_0^{n\kappa}\frac{q^2\mathrm{d}q}{\left(\Delta+(q-\kappa)^2\right)^3} = \frac{1}{2\beta^2}\frac{\partial^2\Sigma}{\partial\Delta^2}. \quad (6.29)
$$

ρ, ζ_1 und ζ_2 sind definiert wie zuvor. $\beta^{-1} = k_\mathrm{B}T_\mathrm{c}/V$ ist die auf das Systemvolumen normierte Übergangstemperatur. Den Abschneideradius setzen wir für das Folgende auf κ, also $n = 1$.

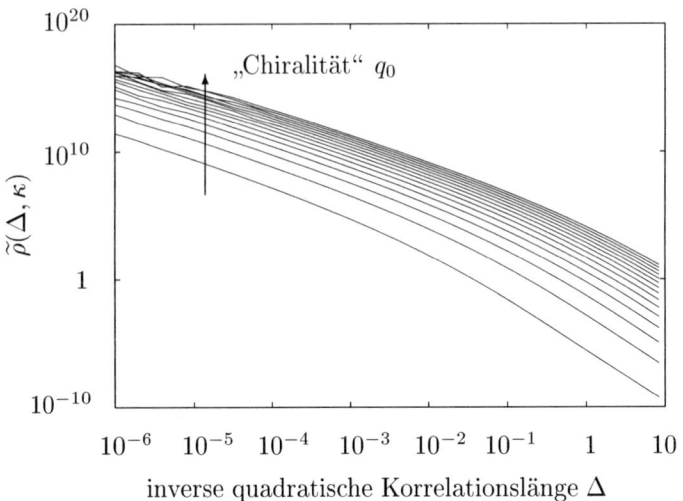

Abbildung 6.2: $\tilde{\rho}(\Delta, \kappa)$ für Werte von q_0 zwischen 0.2 und 3.0, berechnet mit Hilfe einer Monte-Carlo-Integration. Die Rechengenauigkeit nimmt mit wachsendem q_0 und zunehmender Korrelationslänge $\Delta^{-1/2}$ ab. Trotzdem ist das Cross-over-Verhalten deutlich zu erkennen: Für kleine wie für große Δ läßt sich die Funktion durch Potenzgesetze mit unterschiedlichen Exponenten nähern.

Während sich das Integral Σ analytisch lösen läßt (vergleiche Gleichung (4.53)), müssen ρ, ζ_1 und ζ_2 numerisch berechnet werden. Aufgrund der starken, scharf begrenzten Maxima und der hohen Dimension der Integrale scheitert eine deterministische Integrationsmethode. Besonders geeignet für derartige Probleme sind Monte-Carlo-Integrationsmethoden wie die Routine vegas.c aus den Numerical Recipes [59]. Dabei wählt man eine kleine Anzahl von Zufallsvektoren aus dem Definitionsbereich des Integrals und summiert die Funktionswerte auf. Als Verteilungsfunktion der Zufallszahlen wird die Funktion selbst verwendet. Ein einzelner solcher Integrationsversuch liefert ein sehr schlechtes Ergebnis. Durch aufeinanderfolgende Versuche wird die Funktion genauer abgetastet und zwar umso besser, je größer die Funktionswerte sind. Ein χ^2-Test erlaubt eine Kontrolle über die Vertrauenswürdigkeit des Ergebnisses. In Abbildung 6.2 ist das numerische Resultat für

$\tilde{\rho} = 2^7 \pi^8 \beta^4 \rho$ gegen Δ für unterschiedliche q_0 aufgetragen. Im linken oberen Bereich sieht man deutlich numerische Ungenauigkeiten, die davon herrühren, daß sich das Maximum der Funktion für sinkende Δ immer stärker ausprägt. Für Berechnungen der freien Enthalpie ist es günstig, eine möglichst genaue analytische Abhängigkeit $\tilde{\rho}(\Delta, \kappa)$ zu kennen. In Abbildung 6.3 ist die Kurve für $q_0 = 0.2$ noch einmal herausgezeichnet. Man erkennt ein Cross-Over-Verhalten zwischen den Grenzfällen $\Delta \ll \kappa^2$ und $\Delta \gg \kappa^2$. Dies ist durch die gestrichelten Linien verdeutlicht. Für kleine Δ gilt $\tilde{\rho}(\Delta, 0.2) \approx 0.27/\Delta^2$, für große Δ dagegen $\tilde{\rho}(\Delta, 0.2) \approx 2.94 \cdot 10^{-6}/\Delta^4$.

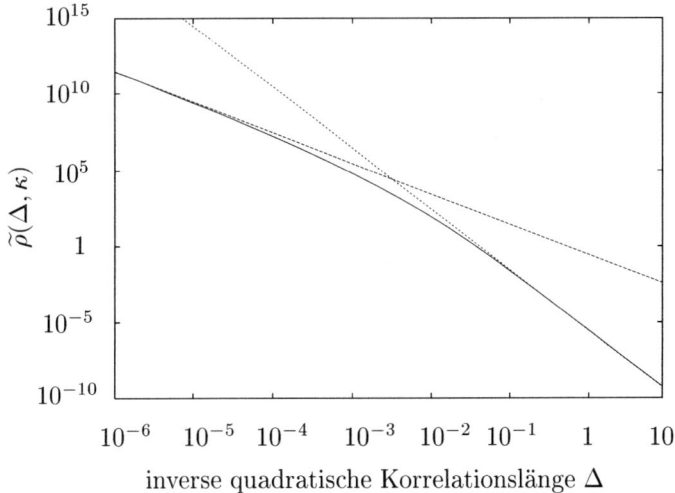

Abbildung 6.3: $\tilde{\rho}(\Delta, \kappa)$ für $q_0 = 0.2$. Die Geraden deuten das Cross-over-Verhalten an.

Die naheliegende Funktion

$$\tilde{\rho}(\Delta, 0.2) = \frac{1}{3.7\Delta^2 + 340000\Delta^4} \qquad (6.30)$$

nähert die numerisch erhaltene Funktion allerdings im Übergangsbereich nur sehr schlecht an. Allgemein wird man sie recht gut durch eine

Entwicklung

$$\widetilde{\rho}(\Delta, 0.2) = \left(\sum_{i=0}^{N} a_{2+2i/N} \Delta^{2+2i/N} \right)^{-1} \tag{6.31}$$

beschreiben können. Für $N = 4$ finden wir

$$\widetilde{\rho}(\Delta, 0.2) = \frac{1}{3.7\Delta^2 + 93\Delta^{2.5} + 9320\Delta^3 - 21500\Delta^{3.5} + 340000\Delta^4}. \tag{6.32}$$

Zur Abschätzung des Fehlers bei dieser Näherung ist in Abbildung 6.4 das Verhältnis aus numerischer Lösung und genäherter Funktion wiedergegeben. Deutlich erkennt man, daß der relative Fehler über den gesamten Bereich kleiner etwa 10 Prozent ist, an den Grenzen des untersuchten Bereiches aber noch deutlich geringer ausfällt.

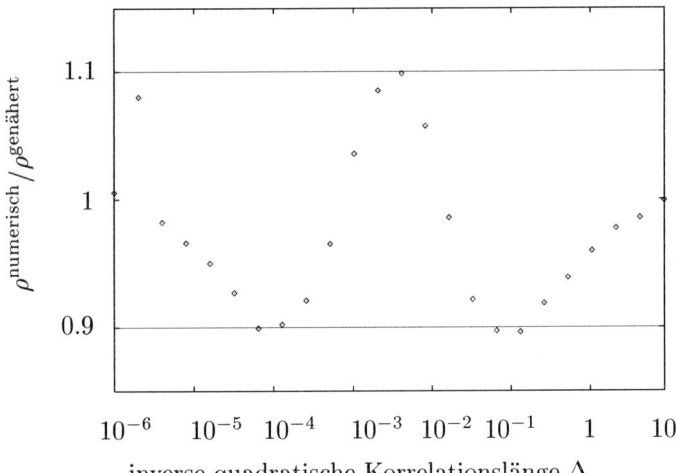

Abbildung 6.4: Relative Abweichung $\rho^{\text{numerisch}}/\rho^{\text{genähert}}$ der genäherten Funktion von der numerisch berechneten für $q_0 = 0.2$. Der Fehler ist durchweg kleiner etwa zehn Prozent. Die Fehlermaxima entsprechen dem Fehlen höherer Ordnungen der Reihenentwicklung von $\widetilde{\rho}^{\text{genähert}}$.

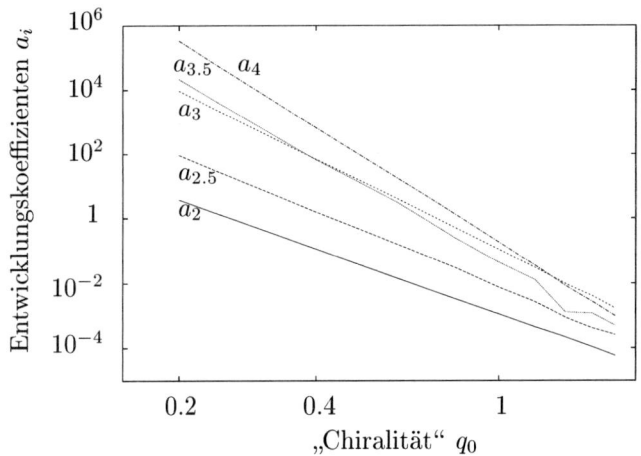

Abbildung 6.5: Die Entwicklungskoeffizienten a_i von Gleichung (6.31) zeigen ein Potenzgesetz in Abhängigkeit von der „Chiralität" q_0.

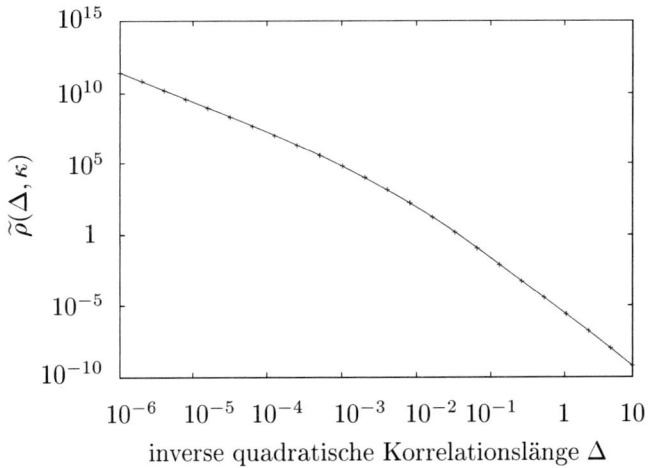

Abbildung 6.6: Durchgezogene Linie: $\widetilde{\rho}^{\,\text{genähert}}$. Punkte: $\widetilde{\rho}^{\,\text{numerisch}}$. Die Übereinstimmung ist sehr zufriedenstellend.

Wir müssen nun für jeden Wert von q_0 eine solche Entwicklung vornehmen. Trägt man die Entwicklungskoeffizienten gegen q_0 auf, erhält man in doppelt logarithmischem Maßstab Geraden (vergleiche Abbildung 6.5). Die Koeffizienten skalieren also mit Potenzen von q_0. Insgesamt ergibt sich die folgende Funktion:

$$\tilde{\rho}(\Delta, q_0) = \left(0.00115 q_0^{-5}\Delta^2 + 0.0071 q_0^{-6}\Delta^{2.5}\right.$$
$$\left. + 0.111 q_0^{-7}\Delta^3 - 0.049 q_0^{-8}\Delta^{3.5} + 0.182 q_0^{-9}\Delta^4\right)^{-1}. \quad (6.33)$$

Abschließend sei diese Funktion in Abbildung 6.6 mit der numerisch erhaltenen verglichen. Man erkennt die schöne Übereinstimmung von Numerik und Anpassung.

Für ζ_1 erhalten wir mit $N = 3$ die Anpassung

$$\zeta_1 = \left(\beta^{-6}2^{-10}\pi^{-11}\right)\left(0.0000252 q_0^{-6}\Delta^3 + 0.0084 q_0^{-8}\Delta^4\right.$$
$$\left. + 0.023 q_0^{-10}\Delta^5 + 0.0425 q_0^{-12}\Delta^6\right)^{-1}. \quad (6.34)$$

Sie stimmt ebenfalls recht gut mit der Numerik überein, der relative Fehler beträgt hier weniger als 15 Prozent (vergleiche Abbildung 6.7).

Schließlich ergibt sich für ζ_2

$$\zeta_2 = \left(\beta^{-5}2^{-7}\pi^{-8}\right)\left(0.00228 q_0^{-5}\Delta^3 + 0.0103 q_0^{-6}\Delta^{3.5}\right.$$
$$\left. + 0.144 q_0^{-7}\Delta^4 - 0.061 q_0^{-8}\Delta^{4.5} + 0.183 q_0^{-9}\Delta^5\right)^{-1} \quad (6.35)$$

mit einer relativen Unsicherheit von kleiner etwa 10 Prozent.

Es ist zu bemerken, daß wir alle Integrale bis auf drei analytisch auswerten konnten. Beim Übergang zum Problem der Blauen Phasen nimmt nicht nur die Zahl der Terme zu. Vielmehr können dann nur noch die wenigsten Integrale analytisch angegeben werden.

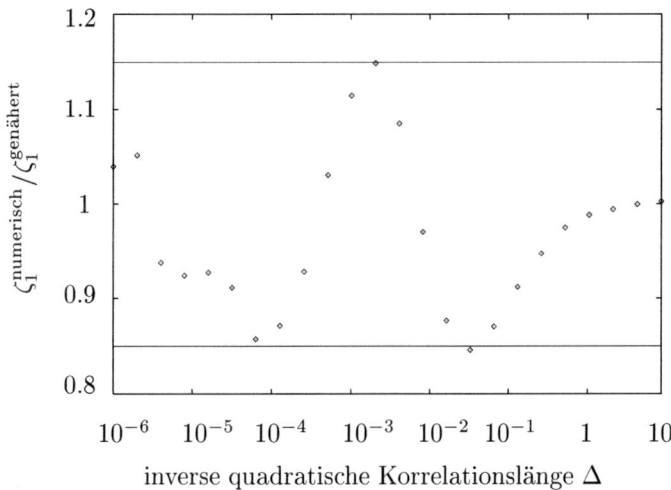

Abbildung 6.7: Relative Abweichung $\zeta_1^{\text{numerisch}}/\zeta_1^{\text{genähert}}$ der genäherten Funktion von der numerisch berechneten für $q_0 = 0.2$. Der Fehler ist hier durchweg kleiner etwa fünfzehn Prozent.

Zur Untersuchung der isotropen Phase muß die freie Enthalpie (6.26) nach Δ minimiert werden. In diesem Fall haben wir dies numerisch durch eine feine Rasterung der freien Enthalpie verwirklicht. In Abbildung 6.8 ist die inverse Korrelationslänge $\sqrt{\Delta}$ gegen die Temperatur für $q_0 = 0.2$ aufgetragen. Es fällt sofort beim Betrachten ein Sprung der Korrelationslänge um eine Größenordnung bei $t \approx 0$ auf. Zur Demonstration, daß es sich hierbei nicht einfach um eine sehr große Steigung handelt, die nicht mehr aufgelöst werden konnte, ist in Abbildung 6.9 eine Ausschnittvergrößerung um $t = 0$ dargestellt. Deutlich sieht man zunächst das stetige Anwachsen der Korrelationslänge. Bei $t = 0$ erkennt man dann eine plateauartige Struktur. Diese hat sich im Verlauf der Rechnungen als typisch für die Ergebnisse der dritten Ordnung in der Kumulantenentwicklung herausgestellt. Die Korrelationslänge steigt hierauf kurzfristig noch weiter an, um bei eindeutig endlicher Steigung unstetig auf einen größeren Wert zu springen. Dort setzt sich die Kurve mit nahezu derselben Steigung wie vor dem Sprung fort und flacht im Hochtemperaturbereich endgültig ab. Mittels dieses Sprungs können wir einen Phasenübergang erster Ordnung innerhalb der isotropen Phase beschreiben. Für wachsende „Chiralität" q_0 wird die Unstetigkeit (im logarithmischen Maßstab) schwächer und verschiebt sich zu höheren Temperaturen. Während die relative Sprunghöhe am Phasenübergang für $q_0 = 0.2$ noch $\sqrt{\Delta_> / \Delta_<} \approx 6.6$ beträgt, sinkt sie für $q_0 = 0.4$ auf 2.9 und für $q_0 = 0.6$ auf 1.66. Gleichzeitig verschiebt sich der Phasenübergang von $t \approx 0.07$ bei $q_0 = 0.2$ über $t \approx 0.40$ bei $q_0 = 0.4$ bis $t \approx 2.01$ bei $q_0 = 0.6$. Bei $q_0 = 0.8$ schließlich ist der Phasenübergang verschwunden. Gleichzeitig bildet sich mit wachsendem q_0 das Plateau, das wir bereits in Abbildung 6.9 beobachtet hatten stärker aus. Bei $q_0 = 3$ erhalten wir sogar ein leichtes Maximum bei $t \approx 0$.

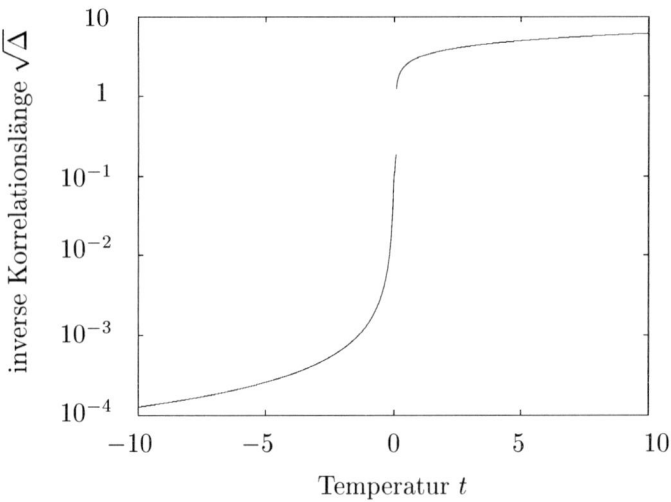

Abbildung 6.8: Inverse Korrelationslänge $\sqrt{\Delta}$ in Abhängigkeit von der Temperatur t für $q_0 = 0.2$. Deutlich ist ein Sprung bei $t = 0$ zu erkennen.

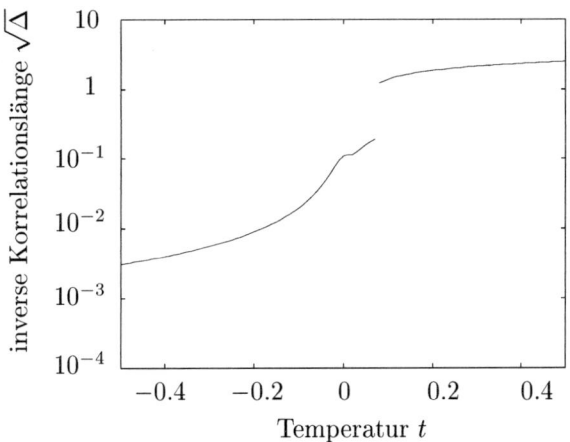

Abbildung 6.9: Inverse Korrelationslänge $\sqrt{\Delta}$ in Abhängigkeit von der Temperatur t für $q_0 = 0.2$. Ausschnittsvergrößerung von Abbildung 6.8. Die Steigung am Sprung ist endlich. Dies deutet auf einen Phasenübergang erster Ordnung hin.

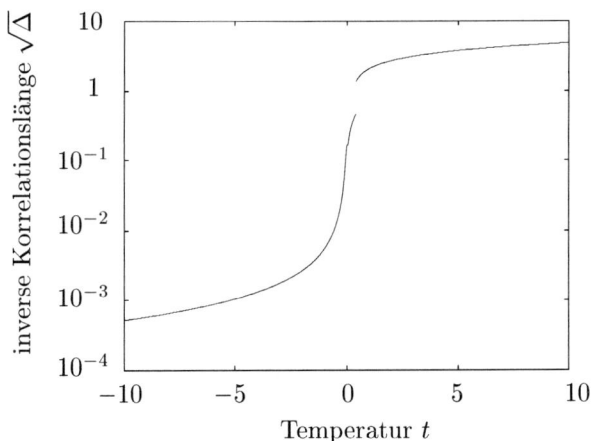

Abbildung 6.10: Inverse Korrelationslänge $\sqrt{\Delta}$ in Abhängigkeit von der Temperatur t für $q_0 = 0.4$. Der Sprung wird kleiner im Vergleich zu $q_0 = 0.2$.

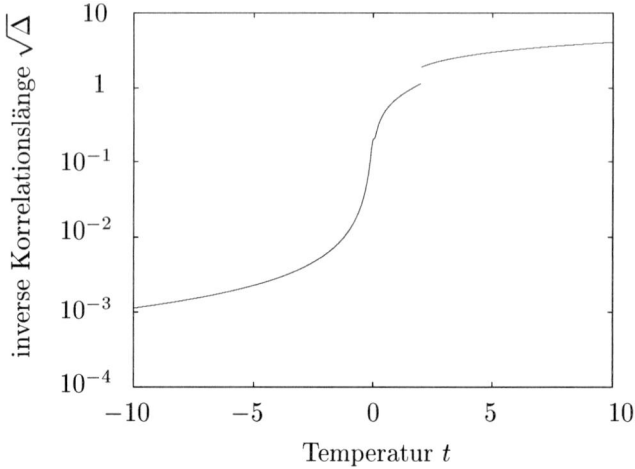

Abbildung 6.11: Inverse Korrelationslänge $\sqrt{\Delta}$ in Abhängigkeit von der Temperatur t für $q_0 = 0.6$. Der Sprung hat sich noch einmal verkleinert.

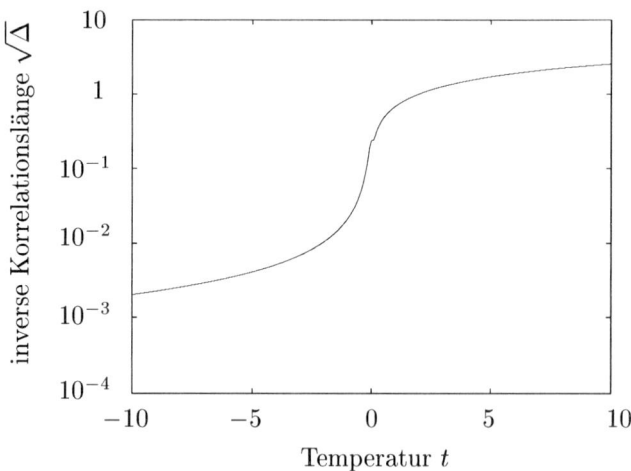

Abbildung 6.12: Inverse Korrelationslänge $\sqrt{\Delta}$ in Abhängigkeit von der Temperatur t für $q_0 = 0.8$. Die Funktion ist jetzt stetig.

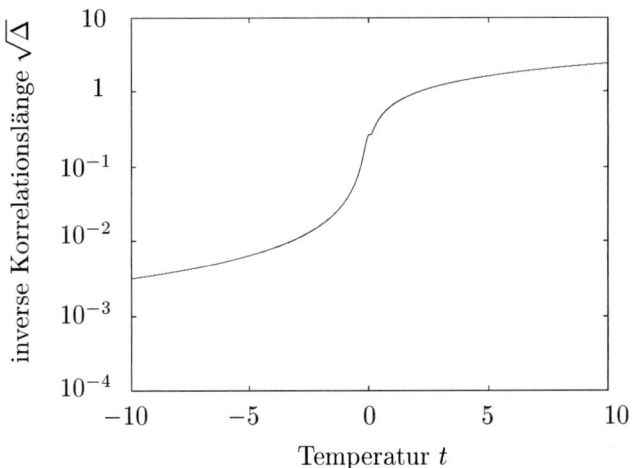

Abbildung 6.13: Inverse Korrelationslänge $\sqrt{\Delta}$ in Abhängigkeit von der Temperatur t für $q_0 = 1.0$.

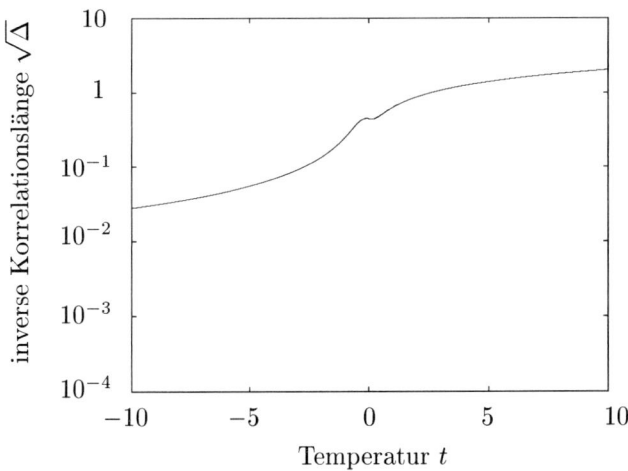

Abbildung 6.14: Inverse Korrelationslänge $\sqrt{\Delta}$ in Abhängigkeit von der Temperatur t für $q_0 = 3.0$. Man erkennt ein kleines Maximum bei $t = 0$.

Von KOISTINEN und KEYES wurden 1995 Untersuchungen zur Lichtstreuung in der Blauen Phase III durchgeführt [51]. Diese Messungen
lassen sich direkt mit den hier erhaltenen Ergebnissen vergleichen. In
Abbildung 6.15 ist Δ noch einmal, dieses Mal in linearem Maßstab,
gegen die Temperatur aufgetragen. Für eine feste Frequenz des einge-
strahlten Lichtes und feste Chiralität ist Δ proportional zur inversen
Intensität des gestreuen Lichts. In Abbildung 6.16 ist dagegen die experimentell gemessene Intensität aufgetragen. Die Übereinstimmung ist
äußerst gut.

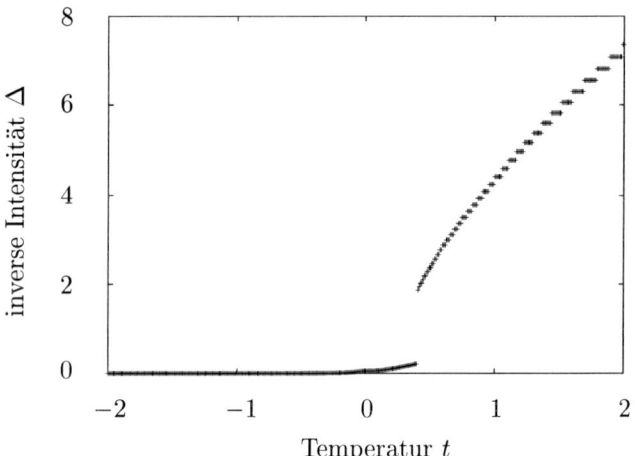

Abbildung 6.15: Inverse Intensität Δ in Abhängigkeit von der Temperatur t für $q_0 = 0.4$.

Freilich muß bei diesem Vergleich berücksichtigt werden, daß Abbildung 6.15 nicht für die Hamiltonfunktion der Blauen Phasen berechnet
worden ist und daher nur bedingt zum Vergleich mit dem Experiment
herangezogen werden kann. Im Unterschied zu den Blauen Phasen fehlt
hier der kubische Term, außerdem wurde die Tensorstruktur nicht berücksichtigt. Eine genaue Untersuchung der in diesem Kapitel vorgestellten dritten Ordnung der Kumulantentheorie für das System der
Blauen Phasen erscheint daher höchst lohnenswert.

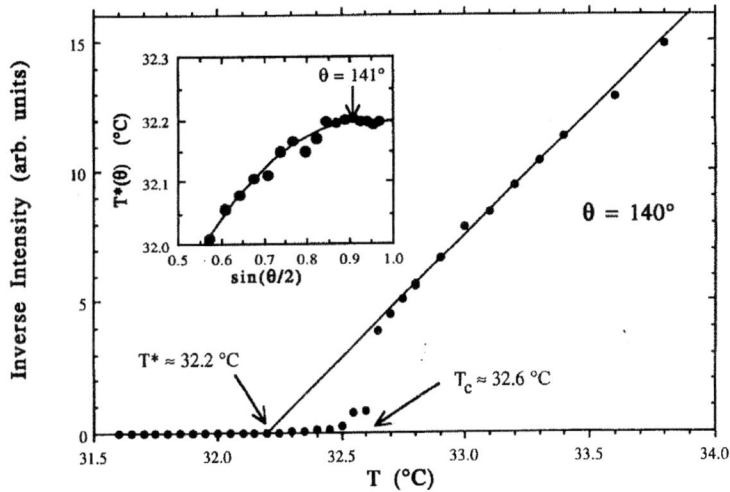

Abbildung 6.16: Inverse Intensität in Abhängigkeit von der Temperatur T. Messung für Cholesterylolyelcarbonat (COC) [51].

6.3 Diskussion der Ergebnisse und Ausblick

Wir wollen in einem letzten Abschnitt die hier gewonnenen Ergebnisse im Hinblick auf ihre Stabilität und auf ihre mögliche Verallgemeinerung insbesondere auf das System der Blauen Phasen diskutieren. Möglichkeiten zur Fortsetzung dieser Arbeit werden am Ende dieses Abschnitts erörtert.

Was ist es für eine Aussage, einen Effekt in einer beliebigen Ordnung einer nicht konvergierenden Reihe zu erhalten? Die Frage nach der Stabilität der eben erzielten Ergebnisse gegenüber weiteren, höheren Ordnungen muß am Ende dieses Kapitels beantwortet werden. Ich glaube, wir können uns in Zuversicht üben. Die prinzipielle Kurvenform, das heißt das Zerfallen in zwei Bereiche mit starker beziehungsweise schwacher Korrelation, ist in vollem Maße bewahrt. Die Korrelationslänge für niedrige Temperaturen ist etwas größer geworden. Dieser Effekt macht nicht einmal eine Größenordnung aus. Das Verhalten für niedrige Temperaturen wird von den am stärksten divergierenden Termen dominiert.

Diese aber verhalten sich etwa wie $\Sigma^{2n} \approx \Delta^{-n}$, wobei n die Ordnung der Entwicklung bedeutet. Gleichzeitig aber treten Terme proportional zu t^n auf, die diesen Effekt kompensieren. Das Verhalten für große Temperaturen wird immer durch den Gaußschen Term $\int \Sigma d\Delta \approx \sqrt{\Delta}$ bestimmt. In beiden Grenzfällen ist also keine qualitative Veränderung zu erwarten. Der Sprung in der Umgebung von $t = 0$ folgt aus den Eigenschaften der Umkehrfunktion $t(\Delta)$. Sobald diese Extrema entwickelt, entstehen in $\Delta(t)$ Sprünge. Es ist also ferner vorauszusehen, daß der hier beobachtete Sprung beim Übergang zu höheren Ordnungen nicht mehr verschwindet. Das in den Diagrammen der dritten Ordnung stets auftretende Plateau mag ein Artefakt dieser Ordnung sein. Höhere Ordnungen können weitere solcher Artefakte erzeugen oder aber auch beseitigen. Die hier vorgestellten Ergebnisse können also als stabil betrachtet werden.

Es gibt keine Hinweise, daß sich das Verhalten unserer Modellhamiltonfunktion in wesentlichen Punkten von dem der Blauen Phasen unterscheidet, was die Eigenschaften der isotropen Phase betrifft. Augenfällig ist die gute Übereinstimmung der vorgestellten Daten aus den Abbildungen 6.8 bis 6.14 mit der Messung der optischen Aktivität von CE4 in Abbildung 1.13. Während intuitiv klar ist, daß die optische Aktivität in der Blauen Phase III von den Ordnungsparameterfluktuationen herrühren muß (da der Gleichgewichtsordnungsparameter dort verschwindet), ist nicht von vornherein einsichtig, weshalb diese Größe mit der inversen Korrelationslänge skaliert.

Deutlicher ist der am Ende des letzten Abschnitts vorgestellte Vergleich der gemessenen Intensitäten mit den berechneten. Obwohl die Hamiltonfunktion der der Blauen Phasen nur ähnlich ist, kann man dennoch zuversichtlich sein, daß das Ergebnis auf die Blauen Phasen übertragbar ist; denn wie wir eben gesehen haben, wir das wesentliche Verhalten der Korrelationsfunktion von den führenden Termen der freien Enthalpie bestimmt. Damit wird die Berücksichtigung des kubischen Termes keine großen Veränderungen erwarten lassen. Die Einbeziehung der Tensorstruktur dagegen ändert die Koeffizienten der freien Enthalpie.

Das bloße Auftreten eines Sprungs in der Korrelationslänge macht noch keine Aussagen über das tatsächliche Erscheinen zweier isotroper Phasen im Phasendiagramm. Eine interessante Fragestellung wäre demnach, die freie Enthalpie in dritter Ordnung der Kumulantenentwicklung für einige einfache geordnete Phasen auszuwerten und ein Phasendiagramm zu berechnen. Im Fall der vereinfachten Modellhamiltonfunktion wird das vergleichsweise gut durchführbar sein, da bei der Summation über die Gleichgewichtsordnungsparameter nur die verschiedenen Kombinationen abgezählt werden müssen. Bis auf die Klärung der Frage nach der absoluten Stabilität der zweiten isotropen Phase werden dabei aber vermutlich keine neuen Ergebnisse zu finden sein.

Aufschlußreicher, aber weitaus aufwendiger, wäre eine Verallgemeinerung der hier vorgestellten Rechnungen auf das System der Blauen Phasen. Man kann dann überprüfen, ob die hier postulierte zweite isotrope Phase einer quantitativen Überprüfung standhält. Gleichzeitig könnte das Problem der Phasenabfolge O^2–O^8 mit zunehmender Chiralität, die auch in dieser Arbeit noch nicht korrekt wiedergegeben werden konnte, durch die Einbeziehung höherer Ordnungen gelöst werden. Denn es steht zu erwarten, daß der Phasenübergang zur isotropen Phase noch weiter abgesenkt werden wird. Dadurch könnte auch das Verschwinden der Blauen Phase II zu kleineren Chiralitäten hin verschoben werden. Es sei jedoch bemerkt, daß dieser Zugang gleich in mehrfacher Hinsicht schwierig ist. Er ist analytisch schwierig, weil die ohnehin schon unübersichtlichen Formeln dieses Kapitels noch komplizierter werden; er ist numerisch schwierig, weil die Lösung des Minimierungsproblems mehr Zeit und bessere Algorithmen erfordert; und schließlich ist er konzeptuell schwierig, weil Gleichgewichtsordnungsparameter und fluktuierende Parameter zum gleichen Wellenvektor koppeln.

Zusammenfassung

In der vorliegenden Arbeit wurde der Einfluß von Fluktuationen auf das Phasendiagramm der Blauen Phasen untersucht. Dazu wurden zunächst die experimentelle Situation und die theoretischen Vorarbeiten vorgestellt. Im Rahmen dessen haben wir den Einfluß der $m = 0$-Moden auf das Mean-Field-Phasendiagramm untersucht und das Ergebnis erhalten, daß diese in einer ersten Näherung verschwinden. Der feldtheoretische Formalismus führte uns zur Schleifenentwicklung. Es hat sich gezeigt, daß eine herkömmliche Schleifenentwicklung der freien Enthalpie für die Hamiltonfunktion der Blauen Phasen ungeeignet ist. Eine von BRAZOVSKIĬ vorgeschlagene Methode wurde vereinfacht und anschließend auf das System der Blauen Phasen angewendet. Dabei erkannten wir, daß die Methode eine Symmetriebrechung verursacht. Als Alternative bot sich die Entwicklung nach Kumulanten an. Mit Hilfe einer Gaußschen Hamiltonfunktion wurde die freie Enthalpie als Mittelung über die Momente der Hamiltonfunktion berechnet. In erster Ordnung erhielten wir damit die folgenden wichtigen Ergebnisse:

- Die Phasenübergangstemperaturen zur isotropen Phase werden herabgesetzt. Der Effekt nimmt mit wachsender Chiralität zu.

- Dadurch schiebt sich die isotrope Phase mit zunehmender Stärke zunächst über die O^5-Struktur, dann auch über die O^2-Struktur.

- Die O^5-Struktur besitzt unter dem Einfluß von stärkeren Fluktuationen keine Stabilität mehr. Dies entspricht der experimentellen Situation. Da die Stärke der Fluktuationen der experimentellen Übergangstemperatur entspricht, könnten chiral-nematische

Flüssigkristalle mit hinreichend tiefer Übergangstemperatur auch eine Phase mit O^5-Struktur aufweisen.

- Die O^2-Struktur (Blaue Phase II) verschwindet wie im Experiment für sehr hohe Chiralitäten vom Phasendiagramm. Im Unterschied zum Experiment sind die Chiralitäten aber sehr viel größer. Phasendiagramme, bei denen die Blaue Phase II schon bei kleineren Chiralitäten verschwindet, besitzen unrealistisch hohe Übergangstemperaturen.

- Der Einfluß des Abschneideradius wurde untersucht. Dabei haben wir gesehen, daß über einen gewissen Bereich die qualitativen Ergebnisse auch für größere Abschneideradien Bestand haben. Überschreitet man einen maximalen Abschneideradius, werden Fluktuationen auf mikroskopischer Skala, die unsere Theorie nicht beschreiben kann, überbewertet. Im Zusammenhang damit wird das Phasendiagramm dann wieder Mean-field-ähnlicher.

- Die Korrelationslänge der isotropen Phase weist ein charakteristisches Verhalten mit steigender Temperatur auf. Bei einer Grenztemperatur sinkt sie rasch um bis zu zwei Größenordnungen ab. Unterhalb findet sich eine stark korrelierte isotrope Phase, darüber eine schwach korrelierte. Dies gibt uns einen Hinweis auf die Natur der Blauen Phase III als zweiter isotroper Phase. Da dieser glatte Übergang für zunehmende Chiralitäten immer schwächer ausgeprägt ist, könnte dadurch auch die Existenz eines kritischen Punktes ableitbar sein, wie auch im Experiment beobachtet.

Um zu untersuchen, ob die in der vorliegenden Arbeit entwickelte Theorie auch in der Lage sein kann, einen echten Phasenübergang und eventuell sogar einen kritischen Punkt innerhalb der isotropen Phase zu beschreiben, haben wir für ein vereinfachtes Modell die freie Enthalpie der isotropen Phase in dritter Ordnung der Kumulantentheorie berechnet. Dabei fanden wir in der Tat sowohl einen Phasenübergang innerhalb der isotropen Phase als auch einen kritischen Punkt. Gleichzeitig erzielten wir eine Aussage über die Stabilität unserer Ergebnisse gegenüber der Berücksichtigung höherer Ordnungen. Da sich der Einfluß der Fluktuationen in erster Linie bei der isotropen Phase bemerkbar macht, diese aber — bis auf den besprochenen Phasenübergang — qualitativ das gleiche Verhalten zeigt wie in erster Ordnung, können wir zuversichtlich sein, daß die Korrekturen höherer Ordnungen zum Phasendiagramm der Blauen Phasen nur noch Effekte kleinerer Größenordnungen beschreiben. Ein solcher Effekt könnte beispielsweise sein, daß die Blaue Phase I im Experiment bei kleineren Chiralitäten auftritt als die Blaue Phase II, was im Rahmen der Theorie erster Ordnung noch nicht beschrieben werden konnte. Auch das Verschwinden der Blauen Phase II bei — verglichen mit den hier vorgestellten Phasendiagrammen — kleinen Chiralitäten mag ein Effekt höherer Ordnung sein. Abschließend kann man sagen, daß die Einbeziehung von Fluktuationen in die Theorie der Blauen Phasen der wesentliche Schritt zum Verständnis ihres Phasendiagramms darstellt.

Symbolverzeichnis

Dies ist eine Aufstellung einiger häufiger gebrauchter Symbole. Die Beschreibung auf der rechten Seite kann nur ein Anhaltspunkt für die wahre Bedeutung der Größen auf der linken Seite darstellen. Für eine genauere Erläuterung sei auf die jeweiligen Abschnitte verwiesen, in denen die Größen eingeführt werden. Diese Liste erhebt keinen Anspruch auf Vollständigkeit.

$\langle \cdot \rangle_{\mathcal{H}}$	Mittelung über der Hamiltonfunktion $\mathcal{H}$
$\times$	markiert den Umbruch eines Produktes
	oder einer Wirkung
$\mathbf{1}$	Einheitsmatrix
a	Landauparameter
a_i	Cayleigh-Klein-Parameter;
	Ordnungsparameter bei BRAZOVSKIĬ
α	Stärke der Fluktuationen
β	kubischer Vertex; $1/(k_{\mathrm{B}}T)$
$c_{1,2}$	Landauparameter
c_m^l	Komponenten eines irreduziblen sphärischen Tensors
χ	Suszeptibilität
d	Landauparameter
Δ	renormierte Temperatur; inverse
	quadratische Korrelationslänge
δ_{ij}	Kronecker-Delta
$\delta(x)$	Diracsche Delta-Verteilung
$\frac{\delta f[g]}{\delta g(x)}$	Funktionalableitung

$\int \mathrm{D}g$	Pfadintegral
ϵ	dielektrischer Tensor
ϵ_{ijk}	vollkommen antisymmetrischer Tensor
η	Basisvektor des reziproken Raums
f	skalierte freie Enthalpie
F	freie Enthalpie
F^{MF}	Mean-field-Anteil der freien Enthalpie
$f_{\mathbf{r}}(\theta, \phi)$	Orientierungsverteilungsfunktion
$\mathcal{G}$	Raumgruppe; freie Energie
$\mathbf{G}_0$	freier Propagator
$G_{\mathrm{c}}^{(N)}$	zusammenhängende Korrelationsfunktionen
$G_{i_1 \dots i_n}^{(N)}$	N-Teilchen-Korrelationsfunktion in n Dimensionen
$\Gamma^{(N)}$	Vertexfunktionen
h	Millerindex
$\mathcal{H}$	Hamiltonfunktion
$\mathcal{H}_0$	Quadratische Hamiltonfunktion
$\mathcal{H}_{\mathrm{I}}$	Störhamiltonfunktion
$\mathcal{H}'$	Gaußsche Hamiltonfunktion
$\widetilde{\mathcal{H}}$	Nichtquadratischer Anteil der Hamiltonfunktion
$\mathbf{J}$	zum Ordnungsparameter konjugiertes Feld
k	Betrag von $\mathbf{k}$; Millerindex
$\mathbf{k}$	Vektor des reziproken Raums; in Abschnitt 2.2 normierter Basisvektor
$^*\mathbf{k}$	Stern von $\mathbf{k}$
$\mathbf{k}_{\mathrm{R}}$	Repräsentant eines Sterns
κ	Chiralität
l	Millerindex
λ	quartischer Vertex
Λ	Abschneideradius
λ_r	Vertex der Ordnung r
m	„Quantenzahl" der Entwicklung nach Kugelflächenfunktionen bzw. Basistensoren
m_1^2	renormierter Massenparameter

	der ϕ^4-Theorie
$\mathbf{M}_m(\mathbf{k})$	Basistensor
μ^2	Massenparameter der ϕ^4-Theorie
$\mu_m(\mathbf{k})$	skalierte Ordnungsparameteramplitude
μ_σ	skalierte Ordnungsparameteramplitude
μ'	fluktuierender Anteil des Ordnungsparameters
$\bar{\mu}$	Gleichgewichtsanteil des Ordnungsparameters
$\mathbf{n}$	Direktor
n	Abschneideradius in Einheiten von κ
$\mathcal{P}$	Punktgruppe
ϕ	Polarwinkel; Ordnungsparameter der ϕ^4-Theorie; Phasenwinkel
Φ	räumlich konstanter Ordnungsparameter
$\mathbf{Q}$	Ausrichtungstensor
$Q_m(\mathbf{k})$	Amplitude des Ordnungsparameters
ψ_i	fluktuierender Ordnungsparameteranteil
ϕ_i	Ordnungsparameter der ϕ^4-Theorie
$\bar{\phi}_i$	Gleichgewichtsordnungsparameter
q_0	Gitterkonstante im reziproken Gitter
$q_{\min}$	minimaler Wellenvektor des quadratischen Anteils der freien Enthalpie
r	normierter minimaler Wellenvektor des quadratischen Anteils der freien Enthalpie
$\mathbf{R}$	Rotationsmatrix
$\mathbf{S}$	Rotationsmatrix
σ	Betragsquadrat eines Gittervektors
$\boldsymbol{\sigma}_i$	Paulische Spinmatrizen
Σ	Selbstenergie
$\mathrm{Sp}(\cdot)$	Spur einer Matrix
t	skalierter Landauparameter, „Temperatur"
$\mathbf{t}$	Translationsvektor
T_0	Mean-field-Phasenübergangstemperatur
T_c	Phasenübergangstemperatur bei Berücksichtigung von Fluktuationen

τ	reduzierte Temperatur $t - \kappa^2$
θ	Azimutalwinkel
$\mathbf{u}$	komplexer Vektor aus $\boldsymbol{\xi}$ und $\boldsymbol{\eta}$
U	freie Enthalpie
U	speziell unitäre Matrix
$W[\phi]$	„Wahrscheinlichkeits"-Verteilung
$\boldsymbol{\xi}$	Basisvektor des reziproken Raums
ξ_R	Korrelationslänge der cholesterischen Ordnung
$Z[\mathbf{J}]$	Zustandssumme
Z'	Zustandssumme der Gaußschen Hamiltonfunktion

Literaturverzeichnis

[1] R. M. HORNREICH und S. SHTRIKMAN. A body-centered cubic structure cholesteric blue phases. *J. Phys. France*, **41**: 335–340, 1980.

[2] B. I. HALPERIN und DAVID R. NELSON. Theory of two-dimensional melting. *Phys. Rev. Lett.*, **41** (2): 121–124, July 1978.

[3] JOCHEN ENGLERT. *Bindungsorientierungsordnung in der flüssigkristallinen Blauen Phase III*. Diplomarbeit, Institut für Theoretische und Angewandte Physik, Universität Stuttgart, 1994.

[4] J. ENGLERT, L. LONGA, und H. R. TREBIN. Cubic bond orientational order in the liquid crystalline blue phases. Role of higher stars. *Liq. Cryst.*, **21** (2): 243–253, 1996.

[5] D. L. JOHNSON, J. H. FLACK, und P. P. CROOKER. Structure and properties of the cholesteric blue phases. *Phys. Rev. Lett.*, **45** (8): 641–644, 25 Aug 1980.

[6] S. A. BRAZOVSKIĬ und S. G. DMITRIEV. Phase transitions in cholesteric liquid crystals. *Sov. Phys. JETP*, **42** (3): 497–502, September 1975.

[7] S. A. BRAZOVSKIĬ. Phase transitions of an isotropic system to a nonuniform state. *Sov. Phys. JETP*, **41** (1): 85–89, January 1975.

[8] E. I. KATS, V. V. LEBEDEV, und A. R. MURATOV. Weak crystallization theory. *Phys. Rep.*, **228** (1,2): 1–91, 1993.

[9] ANDREY V. DOBRYNIN. Fluctuation theory of charged AB-random copolymers. *J. Phys. I France*, **5**: 1241–1253, 1995.

[10] P. G. DE GENNES und J. PROST. *The Physics of Liquid Crystals.* International Series of Monographs on Physics, 83. Oxford Science Publications, Oxford, zweite Auflage, 1993.

[11] S. CHANDRASEKHAR. *Liquid Crystals.* Cambridge University Press, Cambridge, 1977.

[12] FRIEDRICH REINITZER. Beiträge zur Kenntniss [sic!] des Cholesterins. *Monatsh. Chem.*, **9**: 421, 1888.

[13] H. STEGEMEYER und K. BERGMANN. Experimental Results and Problems Concerning "Blue Phases". In W. Helfrich und G. Heppke, Herausgeber, *Liquid Crystals of One- and Two-Dimensional Order*, Band 11 von *Springer Series in Chemical Physics*, Seiten 161–175. Springer-Verlag, Berlin, 1980.

[14] D. ARMITAGE und F. P. PRICE. Calorimetry of liquid crystal phase transition. *J. Phys. France*, **36** (Colloque C1): 133–136, March 1975.

[15] G. FRIEDEL. Les états mésomorphes de la matière. *Ann. Phys. (Paris)*, **18**: 274–474, 1922.

[16] K. BERGMANN und H. STEGEMEYER. Evidence for polymorphism within the so-called "blue phase" of cholesteric esters. I. Calorimetric and microscopic measurements. *Z. Naturforsch.*, **34a**: 251–252, 1979.

[17] K. BERGMANN, P. POLLMANN, G. SCHERER, und H. STEGEMEYER. Evidence for polymorphism within the so-called "blue phase" of cholesteric esters. II. Selective reflection and optical rotatory dispersion. *Z. Naturforsch.*, **34a**: 253–254, 1979.

[18] P. POLLMANN und G. SCHERER. Evidence for polymorphism within the so-called "blue phase" of cholesteric esters. III. The circular dichroism of the blue phase at high pressures. *Z. Naturforsch.*, **34a**: 255–256, 1979.

[19] K. BERGMANN und H. STEGEMEYER. Evidence for polymorphism within the so-called "blue phase" of cholesteric esters. IV. Temperature and angular dependence of selective reflection. *Z. Naturforsch.*, **34a**: 1031–1033, 1979.

[20] ALFRED SAUPE. On molecular structure and physical properties of thermotropic liquid crystals. *Mol. Cryst. Liq. Cryst.*, **7**: 59–74, 1969.

[21] H. GREBEL, R. M. HORNREICH, und S. SHTRIKMAN. Landau theory of cholesteric blue phases. *Phys. Rev. A*, **28** (2): 1114–1138, August 1983.

[22] H. GREBEL, R. M. HORNREICH, und S. SHTRIKMAN. Landau theory of cholesteric blue phases: The role of higher harmonics. *Phys. Rev. A*, **30** (6): 3264–3278, December 1984.

[23] T. HAHN. *International Tables for Crystallography*, zweite Auflage, 1987.

[24] S. MEIBOOM, J. P. SETHNA, P. W. ANDERSON, und W. F. BRINKMAN. Theory of the blue phase of cholesteric liquid crystals. *Phys. Rev. Lett.*, **46** (18): 1216–1219, 4 May 1981.

[25] F. C. FRANK. On the theory of liquid crystals. *Discuss. Faraday Soc.*, **25**: 19, 1958.

[26] S. MEIBOOM, M. SAMMON, und W. F. BRINKMAN. Lattice of disclinations: The structure of the blue phases of cholesteric liquid crystals. *Phys. Rev. A*, **27** (1): 438–454, January 1983.

[27] V. A. BELYAKOV und V. E. DMITRIENKO. The blue phase of liquid crystals. *Sov. Phys. Usp.*, **28** (7): 535–562, 1985.

[28] J. P. SETHNA. Frustration and curvature: glasses and the cholesteric blue phase. *Phys. Rev. Lett.*, **51** (24): 2198–2201, 12 Dec 1983.

[29] J. P. SETHNA, D. C. WRIGHT, und N. D. MERMIN. Relieving cholesteric frustration: the blue phase in a curved space. *Phys. Rev. Lett.*, **51** (6): 467–470, 8 Aug 1983.

[30] E. DUBOIS-VIOLETTE und B. PANSU. Frustration and related topology of blue phases. *Mol. Cryst. Liq. Cryst.*, **165**: 151–182, 1988.

[31] H. ONUSSEIT und H. STEGEMEYER. *Z. Naturforsch.*, **36a**: 1083, 1981.

[32] H. ONUSSEIT und H. STEGEMEYER. Growth of cubic liquid crystals in cholesteric blue phases. *J. Cryst. Growth*, **61**: 409–411, 1983.

[33] M. MARCUS. Crystallography of "blue" phases I and II. *Phys. Rev. A*, **25**: 2272–2275, 1982.

[34] G. W. GRAY. The mesomorphic behaviour of the fatty esters of cholesterol. *J. Chem. Soc.*, **1956**: 3733–3739, 1956.

[35] M. MARCUS. Quasicrystalline behaviour and phase transition in cholesteric "blue" phase. *J. Phys.*, **42**: 61–70, 1981.

[36] V. A. BELYAKOV, E. I. DEMIKHOV, V. E. DMITRIENKO, und V. K. DOLGANOV. Optical activity, transmission spectra, and structure of blue phases of liquid crystals. *Sov. Phys. JETP*, **62** (6): 1173–1182, December 1985.

[37] R. J. MILLER und H. F. GLEESON. The influence of pretransitional phenomena on blue phase range. *Liq. Cryst.*, **14** (6): 2001–2011, 1993.

[38] J. CHENG und R. MEYER. Pretransitional optical rotation in the isotropic phase of cholesteric liquid crystals. *Phys. Rev. A*, **9**: 2744, 1974.

[39] PETER J. COLLINGS. Optical activity and lieght scattering in highly chiral liquid crystals. *Mod. Phys. Lett. B*, **6**: 425–446, 1992.

[40] E. I. DEMIKHOV, V. K. DOLGANOV, und S. P. KRYLOVA. Selective optical reflection in the fog phase. *Sov. Phys. JETP*, **42** (1): 16–19, July 1985.

[41] ZDRAVO KUTNJAK, CARL W. GARLAND, J. LOREN PASSMORE, und PETER J. COLLINGS. Supercritical conversion of the third blue phase to the isotropic phase in a highly chiral liquid crystal. *Phys. Rev. Lett.*, **74**: 4859, 1995.

[42] R. M. HORNREICH und S. SHTRIKMAN. Broken icosahedral symmetry: A quasicrystalline structure for cholesteric blue phase III. *Phys. Rev. Lett.*, **56** (16): 1723–1726, 21 April 1986.

[43] R. M. HORNREICH und S. SHTRIKMAN. Theoretical nuclear magnetic resonance spectrum for quasicrystalline ordering in cholesteric blue phase III. *Phys. Rev. Lett.*, **59** (1): 68–70, 6 July 1987.

[44] D. S. ROKHSAR und J. P. SETHNA. Quasicrystalline textures of cholesteric liquid crystals: blue phase III? *Phys. Rev. Lett.*, **56**: 1727–1730, 21 April 1986.

[45] LECH LONGA, WERNER FINK, und HANS RAINER TREBIN. Liquid-crystalline blue phase III and structures of broken icosahederal symmetry. *Phys. Rev. E*, **48**: 2296, September 1993.

[46] R. M. HORNREICH. Surface interactions and applied-field effects in cholesteric helicoidal and blue phases. *Phys. Rev. Lett.*, **67** (16): 2155–2158, 14 October 1991.

[47] H.-S. KITZEROW, P. P. CROOKER, und G. HEPPKE. Line shapes of field-induced blue-phase-III selective reflections. *Phys. Rev. Lett.*, **67** (16): 2151–2154, 14 Oct 1991.

[48] JONATHAN B. BECKER und PETER J. COLLINGS. Optical measurements on the BP III to isotropic phase transition in highly chiral liquid crystals. *Mol. Cryst. Liq. Cryst.*, **265**: 163, 1995. Preprint.

[49] P. H. KEYES. High-chirality blue-phase lattices are unstable: A theory for the formation of blue phase III. *Phys. Rev. Lett.*, **65** (4): 436–439, 23 July 1990.

[50] L. LONGA und H. R. TREBIN. Bond orientational order in the blue phases of chiral liquid crystals. *Phys. Rev. Lett.*, **71** (17): 2757–2760, October 1993.

[51] E. P. KOISTINEN und P. H. KEYES. Light-scattering study of the structure of blue phase III. *Phys. Rev. Lett.*, **74** (22), 29 May 1995.

[52] M. A. ANISIMOV, V. A. AGAYAN, und P. J. COLLINGS. Nature of the blue-phase-III-isotropic critical point: An analogy with the liquid-gas transition. *Phys. Rev. E*, **57** (1): 582–595, Jan 1998.

[53] LECH LONGA, JOCHEN ENGLERT, und HANS RAINER TREBIN. Wilson-de Gennes-Landau theory of blue phases. Structure of BPIII. Proceedings of the LMS Symposium on Mathematical Models of Liquid Crystals and Related Polymeric Systems. Cambridge University Press, England, 1995.

[54] T. C. LUBENSKY und HOLGER STARK. Theory of a critical point in the blue phase III - isotropic phase diagram. *Phys. Rev. E*, **53** (1): 714–721, 1996.

[55] D. K. YANG und P. P. CROOKER. Chiral-racemic phase diagrams of blue-phase liquid crystals. *Phys. Rev. A*, **35** (10): 4419–4423, May 1987.

[56] ANDREAS F. TERZIS, DEMETRI J. PHOTINOS, und EDWARD T. SAMULSKI. Quantitative calculation of spontaneous polarization in ferroelectric liquid crystals. *J. Chem. Phys.*, **107** (10): 4061–4069, Sep 1997.

[57] JEAN-MARIE NORMAND. *A Lie-Group: Rotations in Quantum Mechanics*. North-Holland Publishing Company, 1980.

[58] L. D. LANDAU. 29: On the theory of phase transitions. In D. ter Haar, Herausgeber, *Collected papers*, Nummer 1st edition, Seiten 193–216. Pergamon Press, 1965.

[59] W. H. PRESS. *Numerical Recipes in C: The Art of Scientific Computing*. Academic Press, Cambridge, zweite Auflage, 1992.

[60] DANIEL J. AMIT. *Field Theory, the Renormalization Group, and Critical Phenomena*. World Scientific Publishing Company Pte. Ltd., 1984. ISBN ISBN 9971–966–10–7.

[61] P. C. HOHENBERG und J. B. SWIFT. Metastability in fluctuation-driven first-order transitions: Nucleation of lamellar phases. *Phys. Rev. E*, **52** (2): 1828–1845, Aug 1995.

Register und Abbildungsverzeichnis

Lebenslauf

10. April 1969	geboren in Karlsruhe als Sohn von Arno Englert und Brigitte Englert geb. Fischer
1975 – 1979	Besuch der Grundschule West in Tauberbischofsheim
1979 – 1988	Besuch des Matthias-Grünewald-Gymnasiums in Tauberbischofsheim
1988 – 1989	Grundwehrdienst in Tauberbischofsheim
1989 – 1994	Studium der Physik an der Universität Stuttgart
1990 – 1994	Stipendiat der Studienstiftung des Deutschen Volkes
Nov. 1994	Abschluß des Physikstudiums mit der Diplomarbeit „Bindungsorientierungsordnung in der flüssigkristallinen Blauen Phase III"
Seit Januar 1995	Wissenschaftlicher Angestellter mit Promotionsvorhaben am Institut für Theoretische und Angewandte Physik unter Leitung von Herrn Prof. Dr. H.-R. Trebin
April – Juli 1996	Aufenthalt in der Arbeitsgruppe von Dr. habil. Lech Longa, Uniwersytet Jagielloński, Kraków, Polen
seit 23. Juni 1995	verheiratet mit Elisabeth Englert, geb. Damsohn

Danksagung

Am Ende dieser Arbeit möchte ich mich bei allen bedanken, die zu ihrem Gelingen beigetragen haben. An erster Stelle danke ich Herrn Professor Trebin für die herzliche Aufnahme am Institut. Er schenkte meinen Rechenkünsten stets vollstes Vertrauen und verfolgte mit großem Interesse den Fortgang meiner Doktorarbeit. Zu besonderem Dank bin ich ihm für die außerordentlich schnelle Korrektur verpflichtet. Seinen Kontakten ist es zu verdanken, daß ich zusammen mit meiner Frau Elisabeth einen dreimonatigen Aufenthalt in Krakau bei Lech Longa verbringen durfte, der mir nicht nur fachliche Qualifikationen verschaffte.

Mit Lech Longa war ich über zahlreiche Besuche immer herzlich verbunden. Lebhafte und heftige Diskussionen waren an der Tagesordnung, unvergessen bleiben mir aber die Einladungen in seine Wohnung, bei denen ich das Vergnügen hatte, Halina, Joana und Jakób kennenzulernen. Er sorgte auch nicht nur für eine finanzielle Deckung meines dreimonatigen Aufenthalts, sondern auch für Unterkunft bei   Zofia Gołąb-Meyer, der an dieser Stelle auch gedankt sein soll.

Herrn Professor Muramatsu danke ich für die Übernahme des Mitberichts. Durch die Diskussion mit ihm erhielt meine Arbeit im rechten Moment wieder Schwung.

Andreas Rüdinger war mein Ansprechpartner in allen Lebenslagen. Seit den Anfangsgründen des Studiums profitierte ich von seinem überwältigenden Fachwissen. Besonders in der Anfangszeit meiner Doktorarbeit war er mein wertvollster Diskussionspartner, am Ende hielt er mir den Rücken von Verwaltungsarbeiten frei. Meine Stuttgarter Zeit wird immer mit seinem Namen verbunden sein.

Andreas Rüdinger an vorderster Front sowie Jürgen Bachteler, Gabi Zeger und Holger Stark kämpften sich korrekturlesend durch den Formelurwald.

Vor vielen Fallstricken und Tücken der Forschungsarbeit bewahrte mich Holger Stark. Seine Übersicht beseitigte einige Irrtümer und half mir, selbst Klarheit über meine Arbeit zu gewinnen.

Mit Joachim Stelzer haben Elisabeth und ich drei Monate lang die Wohnung geteilt. Dabei ist eine schöne Freundschaft gewachsen, die ich nicht missen möchte. Er hat mich nicht nur in die Gewohnheiten bei internationalen Konferenzen eingeweiht, sondern auch in die Schönheiten des polnischen Landes und der polnischen (und tschechischen und slowakischen sowie russischen) Sprache. Auf diese Weise kam neben allem Forscher- auch der übrige Geist auf seine Kosten.

Danken will ich auch Gabi Zeger und Christian Dilger für die gemeinsame Zeit und die dabei gewachsene Freundschaft, Marta Bachteler, mit der ich Freud und Leid der Blauen Phasen geteilt habe, schließlich meinen drei Zimmerkollegen Werner Fink, Thomas Adamczik und Michael Reichenstein für das angenehme Raumklima.

Außerdem danke ich meinen Kollegen im Dienste, allen voran Jürgen Bachteler, ohne dessen Hilfe ich als LaTeX-Manager mehr als einmal verloren gewesen wäre, sowie Johannes „Rooth" Roth und Jörg Stadler als Systemverwaltern für die gute Zusammenarbeit. Nicht vergessen darf ich an dieser Stelle die herzliche Atmosphäre im Sekretariat, das in Bettina Rank und Dorothee Stammler Herz und Seele des Instituts beheimatet.

Meinen nicht genannten Kollegen danke ich für die gute Atmosphäre am Institut.

Meinen Eltern danke ich für ihre Unterstützung in jeglicher Hinsicht. Durch ihre Mithilfe ermöglichten sie mir überhaupt mein Studium.

Meine Frau Elisabeth mußte mit mir über alle Berge und Täler meiner Forschungsarbeit gehen. War ich darnieder, so war sie es auch, schwebte ich im Forschungshimmel, freute sie sich mit mir. Geduldig und mit viel Liebe ertrug sie an sie gerichtete Selbstgespräche und brachte mich auf den Boden der Realität zurück.